Misako

KERA
12星座パーフェクト占い

Les Merveilleuses
LADURÉE

YOU MAKE
MY HEART SING

Misako
Cerise
Lolita
Emily Temple cute

まっすぐ
ロリータ道

はじめに

お姫さまは34歳

一夜にして人生が変わった経験、ありますか? 私はあります。

みなさま、ごきげんよう。青木美沙子です。

ロリータモデルであり、正看護師でもあります。10代のころからずっと〃ロリータ〃という限られた世界で活動してきました。ふわふわのパニエにフリルにリボン……ロリータは誰もが〃かわいいお姫さま〃になれる素敵な世界。その魔法にかかって以来、私は永遠にロリータのトリコ。けれど、そんな夢の国にも時折〃外〃から心ない声が石のように投げつけられます。

「ロリータババア」
「25歳過ぎてロリータとかイタい」

何度も礫《つぶて》に心を打たれて、いつの間にか年齢を隠すようになりました。胸を張って「ロリータモデルをしています！」と言えない時期もありました。

転機が訪れたのは6年前、ドキュメンタリー番組で年齢を公表してから。私を取り巻く環境は一変しました。それまで石を投げてくる怖い世界だと思っていた〝外〟の方々から、共感と応援の声が届いたのです。

「〝普通じゃない〟ことは悪いことじゃない」
「〝一般的〟からはみ出して生きたって、はずかしくない」
「好きなことを貫き通す姿に勇気をもらえた」

「私も何歳になっても自分の好きな服を着たい」

そのひとつひとつから、温かい思いと切実なつらさがあふれていました。私だけでなく、ロリータだけでなく……〝外〟にも生きづらさを感じている人はたくさんいると知りました。世界がそれまでと違って見えた。34歳のことです。

このドキュメンタリー番組出演をきっかけにメディアで取り上げられる機会が急激に増え、私は包み隠さず、ロリータ愛を語ることにしました。好きなものを好きと言い続けることで、自分だけでなく、ほかの誰かを勇気づけることができるかもしれない。この世界の生きづらさを、ほんの少しだけ変えるきっかけにできるかもしれない。

大好きなロリータ服を着ているのに、後ろめたさを感じることはもうありません。ふわふわのパニエ、フリルにリボン、完璧にかわいいロリータ姿で街を歩けば、怖いものなんてないのです。かつて私を打ちすえた礫に、今なら笑ってこう返すでしょう。

「何歳になっても、ずーっとロリータひと筋！」

この本には、ロリータモデルや看護師の仕事、婚活などを通して〝好きをどう貫くか〟を書きました。どうかひとりでも多くの方に届きますように。

2023年5月
40歳の誕生日を前に

青木美沙子

目次

第3章 ロリータ、世界を駆けめぐる

第1章

奥深いロリータの世界へようこそ

意外と知らない〝ロリータは日本発〟

「ロリータ」と聞いて、まずどんなファッションを想像しますか？　フリルやレースたっぷりの生地に、キラキラのリボンがたくさん飾られていて、パニエでふんわりふわふわにふくらんだスカート、くるくる巻いた髪にはリボンやボンネット……。

まるで18世紀のフランス王妃、マリー・アントワネットのようなイメージから「ロリータは西洋の伝統的なファッション」と思っている方が多いようです。しかしじつは、日本で1980年代にストリートファッションとして誕生した、れっきとした日本発のファッションスタイル。ヨーロッパのバロックやロココ、ヴィクトリア時代の華やかなドレススタイルをベースに、日本独自の〝少女趣味アレンジ〟が加わって発展してきました。ヴィヴィアン・ウエストウッドの影響を受けた「MILK（ミルク）」を皮切りに、さまざまなメゾンがロリータテイストの服を製作するようになり、現在まで続いているのです。

ロリータ服はその繊細なデザインや凝ったディテール、技術の高さから、日本の伝統文化である着物にたとえられ、海外では〝現代の着物〟のようにいわれることもあります（価格も高いですし……）。確かに、デザイン性の高さや細部の作り込みなどに日本人らしさがよく表れていて、眺めていると、日本の誇るべき服飾文化だなと思えます。

「ロリータ」という名称自体は、ナボコフの小説『ロリータ』に登場する少女が語源といわれていますが、ロリータファッションとの直接的な関係はありません。80年代の原宿で産声を上げたロリータは、いまや世界じゅうにファンをもつ、日本の〝KAWAII文化〟のアイコンのひとつ。といって、順風満帆、右肩上がりで認知度を高めてきたわけではありません。というか、発祥の地である日本では、山あり谷ありの歴史をたどってきました。何度かブームとして盛り上がりをみせ、その後衰退して「男ウケの悪いファッション」なんて不本意なレッテルを貼られたことも。あとで詳しくお話ししますが、ロリータを愛する人たちにとっては長らく、肩身のせまい時期が続きました。けれどこの数年、世間では〝多様性〟が求められる影響もあってか、ロリータの魅力が再び評価されつつあります。ロリータの誕生からずっとともに歩んできた私にとっては、やっとおもしろい時代がきた！という感じです。

それと、よく混同されがちな誤解について。「ロリータ」と「コスプレ」は、まったくの別物です。一般的にコスプレのほうが有名なので、ロリータファッションで街を歩くとコスプレだとみなされがち。ですが、コスプレはキャラクターになりきるためのもので、ロリータは自分自身のファッション表現。マリー・アントワネットのような衣装にあこがれてロリータ服を着たとしても、マリー・アントワネットそのものになりたいわけではないので、互いの目的の違いを知っていただけるとうれしいです。

甘ロリ、和ロリ……奥深いロリータの世界

ロリータファッションの本質は「お姫さまみたいに美しくなりたい」「お人形のようにかわいくなりたい」という〝自分〟のために着ることにあります。そのため、基本となる少女趣味なスタイルに、さまざまな解釈を加えることでさまざまな個性が生まれました。

だからひと口に「ロリータファッション」といっても、細かくみれば複数のカテゴリーに分けられます。おもなスタイルだけでも、

●スウィートロリータ……「甘ロリ」とも呼ばれる。アニマルやスイーツをモチーフにした、甘い雰囲気のかわいらしいスタイル。ロリータファッションとして、一般にイメージされることが多いのがこちら。

●姫ロリータ……通称「姫ロリ」。マリー・アントワネットのような、

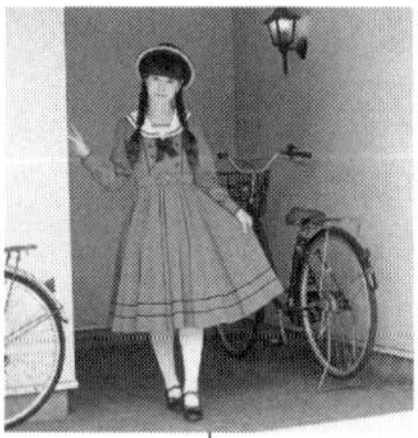

ゴージャスでデコラティブなスタイル。レースやチュールをふんだんに使ったドレスに、特大のボンネットや最大数のパニエなど、小物もたっぷりとつける。最上級のロリータという位置づけで、ファッションショーではランウェイのラストを飾ることも。

●クラシカルロリータ……ロココ風など、ヨーロッパの伝統的なスタイルをアレンジ。上品な小花柄や、落ち着いた色合いが特徴。

●ゴシックロリータ……ロリータにゴシックの思想をかけ合わせたスタイルで「ゴスロリ」とも呼ばれる。黒をベースに、退廃的な雰囲気の漂うデザインが特徴。ヴィジュアル系バンドや、そのファンにも愛好家が多い。漫画『DEATH NOTE』でミサミサが着ているのがこちら。

●和ロリータ……通称「和ロリ」。ロリータに日本の伝統的な着物や浴衣のテイストを加えた、和風スタイル。正月や祭りなど、日本の伝統行事の際にも好まれる。

●ソフトロリータ（カジュアルロリータ）……基本のロリータを、装飾をひかえめにするなどカジュアルダウンさせたスタイル。仕事や学校の都合上、ロリータファッションを着づらいと感じる人にも人気。

などなど多種多彩。また、ロリータとパンクをかけ合わせた「パンクロリータ」など、かつて人気を博しながらも、今ではあまり見かけなくなってしまったスタイルもあります。ロリータも、時代の栄枯盛衰からは逃れられません。

しかしいずれも、ロリータを着る人たちそれぞれにとっての〝カワイイ〟を追求した結果、広がっていった世界です。街でロリータファッションを見かけたら、どのカテゴリーに属するか、心の中で分類するという楽しみ方もあるかも……？

なぜ、ロリータモデルは笑わないのか？

もし、これまでロリータと縁遠かった方がロリータ服を扱うメゾンのサイトにアクセスしたら、きっと見慣れたファッションページとは少々違って見えるはず。そこに映るロリータモデルたちは、カメラ目線で歯を見せて笑ってはいないでしょう。むしろ、伏し目がちでごくひかえめに微笑《ほほえ》みながら、シンプルにたたずんでいるのではないでしょうか。

モデルなのに笑わないの？　→私たちロリータは「人形（ドール）に近づく」ことこそが至上命題。できるだけ生々しさから遠ざかることが重要です。そのため、いわゆるファッションモデルとはかなり違う独自性をもっているのです。

そんなロリータモデルのひとりとして私が重視しているポイントは、まず、やせすぎないこと。メリハリボディ、胸が大きくてセクシーといった〝大人の女性らしさ〟という意味ではなくて、ちょっとおなかが出ているくらいの丸みを帯びたボディラインのほうが、ロリータ服のもつふんわりとしたイメージに合うと思うのですが、いかがでしょう?

顔だって、あごがとがりすぎたり頬がこけたりしないよう、過度なダイエットはしません。特にアラフォーともなると、やせすぎは体が骨ばった印象になったり、皮膚にシワが寄ったり、生々しさへのパスポートになりかねません。だから見る人に安心感を与えるような、ほどよいマシュマロボディが目標です。

それでいえば、歯を見せて笑わないのもお約束。〝喜怒哀楽〟をストレートに表すのは生身の人間っぽいので、少し口角を上げて微笑んでみせるくらいで、できるだけ表情が出る動作は抑えます。唐突ですが、顔のパーツのなかでもっとも表情が出るのはどこだと思いますか? じつは「眉」。だからへアスタイルは、眉を隠せるくらいの重めぱっつん前髪に、ストレートの姫カットが基本なのです。

そして、ポージング。女性ファッション誌では定番の〝髪を風になびかせて、さっそうと街やオフィスを闊歩《かっぽ》する〟ワーキングウーマンスタイルも、ロリータの世界には存在しません。だって、ロリータは働かないから……（笑）。メイドさんがすべてやってくれるので、労働を知らぬロリータは、ただそこに静かにたたずむのみです。棒立ちです。でも、そこにはちゃんと「ロリータ服のよさを最大限に魅せる」という狙いも共存しています。ロリータ服は襟元から裾先まで、360度どこから見ても美しく作られた完璧な存在ですから、しゃがみ込んだり体をひねったりしてしまえば、繊細なデザインや凝ったディテールが隠れてしまいます。その魅力をじゅうぶんに映し出すことができない……そんなの、ロリータにとっては悲劇でしかありません。だから、棒立ち。ダイナミックなポージングは必要ないのです。

ロリータ服がいちばんの主役で、それを着るモデル（ドール）は、その魅力を伝えられるよう最大の努力で応える……ロリータモデルを始めて試行錯誤した結果、この独特のスタイルに行き着きました。イメージは、絵に描かれた人形（2

次元）と生身の人間（3次元）の間に位置する、限りなく人形に近い人間＝2・5次元の存在。もちろん私個人の解釈ではありますが、今のロリータモデル界においてこのポージングは、ごく一般的なものとして浸透しているように思います。

ふわふわパニエにすべてをかけて

ほかにもあります、ロリータならではの〝お約束〟。

ロリータでない方＝非ロリータの興味を引くナンバーワンアイテムといえば、なんといっても「パニエ」ではないでしょうか。ドレスやワンピースの下にはいてスカートをふくらませる、あのヒラヒラのアンダースカートです。重なったパニエの層を見て「何枚はいてるの？　3枚？」などと聞かれることも珍しくありません。「10枚」と正解を伝えると、みなさん、ものすごく驚かれます。「どうしてそんなにパニエが必要なの?」と問われると……少し考えてしまいます。この質問、もしかして、ロリータの精神性を鋭く突いているかもしれない。

パニエは枚数を重ねるほど締めつけもキツいし、もちろんけっして生活必需品なんかじゃありません。でも、ロリータにとってはなくてはならない必需品。パニエの大きさやふくらみ方によって、いちばん表のスカートのシルエットが大きく変わります。特に「姫ロリ」のような裾にリボンやフリルがたっぷりあしらわれたドレススタイルは、スカートがストンと落ちるとかわいくなってしまうから、パニエを何枚もはくことでようやく〝完成〟します。パニエのないロリータなんて、エンジンのない車みたいで、まったく不完全な存在なのです。

通常の生活でパニエをはく機会なんてそうそうないので、非ロリータの方にとってパニエは、ボンネット（後頭部から頭を包むようにかぶる帽子）と同じぐらい謎のアイテムでしょう。でも、一度はいてみてほしい……！ スカートがふんわり広がることが、こんなにも心をときめかせてくれるなんて。子供のころ、発表会でフリルのワンピースを着たときのうれしさ、胸がドキドキする感覚が、大人になってもよみがえるのです。

パニエにはそういう〝気持ちを盛り上げてくれる〟といった、目には見えないけれど絶大な効果があります。その意味でも、ロリータファッションの心強い味方。だからロリータは、真夏の暑い日も雨の日も、絶対にパニエを欠かさないのです。私も近所に軽く外出するくらいならはかないこともありますが、ここぞ！というときにパニエがなかったら、はずかしくて家に帰りたくなってしまいます。それくらい重要。お茶会など「今日は気合いを入れてロリータ全開で楽しむぞ！」という日は、それこそ10枚単位で重ね着しています。これまでの最高記録は……20枚かな？　最近ではAmazonなどのオンラインショップで手軽に入手できますし、真夏にうれしい接触冷感タイプが登場するなど、ロリータにやさしい時代になりました。

メイクでいえば、ロリータにとっていちばん重要なのは「チーク」。人形のような白い肌にバラのような血色のお顔でないと、ロリータ服にはそぐわないから。より童顔に見せるため、チークは頬のかなりの面積にしっかりと入れます。目安は〝おてもやん〟寸前まで。だからチークはたくさんの種類をそろえるし、なにしろ減りが早い！　コロナ禍のマスク生活でも、たとえマスクの下に隠れるとしたって、チークは絶対に欠かせません。無人島にひとつだけメイクアイテムを持っていけるとしたら、迷わずチークを選ぶ――それがロリータの心意気です。

私は髪の毛の量が多いほうなのでかぶりませんが、ウィッグも人気アイテムです。ふわふわでボリュームたっぷりの髪は、やはり人間味を消して人形に近い雰囲気をもたらしてくれます。とにかくロリータは服の存在感が絶大なので、トップにボリュームを足して〝自分を盛る〟役割も兼ねています。ちなみに私の場合、毎朝の身じたくでいちばん時間がかかるのは、ロリータ服を着ることよりもヘアセット。カーラーでくるくるの巻き髪をつくるだけで、30分以上かかります。ロリータはキラキラ、ふわふわしていそうで、じつはそうではない。〝毎日ロリータ〟を貫くには、それなりの根性がいるのです。

シニアも男性も、ロリータは人を選ばず

ロリータは見た目の個性の強さから〝トガったサブカルチャー〟とみなされがち。でも、じつはたいへんに懐《ふところ》が深い、いい意味でのユルさをもっています。

ロリータファッションの大きな特徴は、ボディラインの出にくいデザイン・シルエット・素材であること。胸を強調したり、肌を露出したりといった女性らしさのアピールとはまったく異なるアプローチで、かわいらしさを目指します。

だから、体型や肌質にコンプレックスをもっていても、ロリータ服なら着こな

せる方が多いのです。言ってしまえば私自身、モデルとしては細身でもなく、アトピー性皮膚炎に悩まされた経験もありますが、それらがロリータ服を着るうえでネックになったことはありません。むしろ、気になる部分をたっぷりとした生地で包み込み、フリルやレースで上手に隠したうえでかわいく見せてくれるので、ありのままの自分に自信をもたせてくれるファッションといえるのです。

確かに胸や脚を出して健康美を強調するのも素敵ですが、その裏には「胸や脚を出せるような体型でなくちゃ」という暗黙のプレッシャーがあることも事実。まだまだ日本には「30歳を過ぎたらミニスカートは見苦しい」という風潮や「ストイックにトレーニングする女性こそ美しい」という価値観が幅をきかせていますよね。シニア向けの服といえば、くすんだ地味な色合いのものばかりだったり。「そういう古くからの価値観を跳ね返してでもミニスカートをはく！」とか「だったらダイエットして脚を細くする！」とポジティブになれる人ばかりではありません。すべての人がそう考えなければいけないわけでもないですし。「努力することは素晴らしい」という評価は、裏を返せば「努力しなければ認められない、存在を許されない」と切り捨てられてしまう危うさをはらんでいます。

だったら数ある選択肢のひとつとして「気になる部分を隠し、かわいさをプラスして、今すぐ素敵な自分になる」という考え方もあっていいのではないでしょうか。ふくよかでもやせていても、どんな体型でもその人なりの〝カワイイ〟は成立する。それをかなえてくれるのが、このロリータファッションなのです。

見た目からは突飛な印象を与えがちなロリータですが、着てみると体にやさしいのもうれしいポイント。背中部分はリボンなどをかがったレースアップ状になっていてラブリー……と見せかけて、じつは絞り具合でいかようにもサイズ調整がきく構造なのです。そのため、たいていのアイテムはSやLなどの区別がないワンサイズ（＝フリー）。露出を抑え、サイズも調整できるとなれば、年齢や性別、体型に左右されずに着られる人がたくさんいます。これほど〝来る者拒まず〟な器の大きい服、ほかにあります？

だから、ロリータにはシニアや男性のファンもいます。これは時代も国も問わずで、黎明期《れいめいき》から、お茶会などのイベントには男性ロリータが毎回数人は参加していました。70代の現役ロリータからＳＮＳに応援のコメントをいただくこともあります。それこそ近年は多様性がもてはやされるようになりましたが、ロリータの世界では、それほど騒ぎ立てることではないかも。だってもうずっと、年齢もセクシュアリティも多種多様な人々が、ロリータ好きという1点でつながるのが当たり前だったのですから。

毎日がロリータづくし

このへんで、ロリータとしての私のこともお話しさせてください。３６５日、雨だろうが真夏だろうが毎日ロリータ服を着ているのは、おそらく日本じゅう探してても私くらいでしょう。職業がロリータモデルですし、もはや人生とロリータが深く結びついているので、日々このファッションで過ごしています。

10代でロリータモデルを始め、20歳で正看護師となってからは、二足のわらじをはく生活を送ってきました。２００９年には外務省より〝カワイイ大使（正式名称：ポップカルチャー発信使）〟に任命され、以降、世界25カ国45都市以上を訪問。日本ロリータ協会の初代会長を務めています（カワイイ大使も日本ロリータ協会も初耳の方、ロリータを世に広めるための仕組み・組織と思ってください）。

日ごろは生まれ育った千葉の実家に両親と暮らし、部屋のひとつをロリータ専用部屋にしています。６畳の空間に収められたロリータ服は、約１０００着。個人所有としては日本有数のコレクションといえるかも。製作元のメゾンにすら現存しない服も多く、映画の衣装として貸し出しを依頼されることもあるので、ここは自慢していいところでしょう。この部屋からモデルとしての撮影や商品開発、海外イベントなどへ出かけていき、国内外を飛びまわっているのです。

ロリータモデルとしての仕事は多岐にわたりますが、今もっとも大きな比重を占めているのは、インフルエンサーとしてロリータファッションを世に広く伝えることでしょうか。日々、InstagramやYouTube、ブログ、Twitterなどを通じて、メゾンの新作やメーカーとのコラボ商品、その着こなし方などを紹介しています。かつてはロリータ専門ファッション誌がありましたが、現在は紙媒体で情報を得るのは難しい時代。「だったら私がポータルサイトになる!」と情報を網羅する意気込みで、日々ロリータにまつわるさまざまな情報を発信しています。

もちろん、YouTuberとしても活動しています。ロリータのアイテム紹介から〝ロリータあるある〟のようなネタ企画まで、幅広いテイストの動画を投稿しています(よろしければご覧ください)。なかでも「40代になってもロリータ着るよ♡年相応のファッションなんてない」と題した語り系動画は、公開後1カ月で16万ものアクセスを獲得し、非ロリータや海外の方からもコメントをいただきました。

もちろん、ロリータが躍動するのはオンラインだけではありません。各メゾンの新作のお披露目会や、ファン同士の交流の場であるお茶会などのイベントにも積極的に参加しています。ここでいうお茶会とは、ロリータを愛する人々が数十人ほど集まり、アフタヌーンティーをともにする催しのこと。海外のビッグイベントともなれば、同じ時間を楽しむために数千人のロリータが集結することもあります。

また、企業からのオファーを受け、さまざまなロリータファッションの開発も行っています。PINK HOUSE（ピンクハウス）やMaison de FLEUR（メゾン ド フルール）、axes femme kawaii（アクシーズファム カワイイ）、Melody BasKet（メロディバスケット）、Q-pot.（キューポット）、BABY, THE STARS SHINE BRIGHT（ベイビー ザ スターズ シャイン ブライト）といった国内のメゾンから、海外ではElpress L（エルプレス エル）といった中国のメゾン。最近では、ファッションセンターしまむらのような大衆的なメーカーまで、多くの企業と二人三脚でコラボアイテムを作ってきました。

そして、最初にお話ししたようにドキュメンタリー番組に出演してからは、活動の幅がさらに広がりました。ロリータに関連する媒体だけでなく、男性向け週刊誌から看護師向け求人サイトまで、さまざまなメディアに取材していただけるようになったのです。その切り口は「ロリータモデルとして」というオーソドックスなものから、看護師との両立の仕方、女性の自立、年齢にとらわれない生き方、ロリータの婚活といったマニアック（?）なものまで、じつに多種多様。ときには「私、そんな位置づけなんだ?」と私自身が驚くこともあるくらい……（笑）

こんなふうに、ほぼ毎日のようにロリータにまつわる仕事をしています。はたからは、あちこちに手を出しすぎているように見えるかも? けれど私からすれば、いずれの活動も根底にある思いはひとつ。「ロリータをもっと広めたい!」という一心なのです。

第2章

ロリータは私の戦闘服

ロリータに魅せられて

ひと言でいえば、私は目立たない子供でした。学級委員タイプでもスポーツが得意なわけでもなく、クラスでは存在感の薄い、ごくごく普通の女の子――人前に出るだなんて、とんでもない。ただ、ファッションモデルに対するあこがれはもっていたと思います。

当時はファッション誌の読者モデル全盛期。普通の女の子がストリートスナップでデビューし、モデルとして華々しく活躍するブームが起こっていました。私も漠然とながら、そのムーブメントに乗りたいと思っていたのです。それで高校生になると、あこがれの原宿へと通うようになりました。有名なスカウトスポットの前を、友達と一緒にわざと何度も往復したりして。ほどなくして『プチセブン』の読者モデルとしてスカウトされるのですが、最初に誌面に載ったときは、ほんの小さなスペースだったけれどうれしかったなあ。それからは週末のたびに、さまざまなファッション誌の撮影に呼ばれて参加するようになりました――ここまでなら、当時の読モのひとりとしてはよくあるストーリーです。

運命の出会いは、ストリートファッション誌『KERA（ケラ！）』の撮影でのこと。そのころロリータはまだ認知度が低く、街中で見かけることもほぼありませんでした。なんの予備知識もないまま初めてロリータ服に袖を通したとき、カミナリに打たれたかのような衝撃が走ったのです。当時、私は17歳。それまでずっと「早く大人にならなきゃいけない」と思っていました。それがロリータ服に身を包んだ瞬間……子供のころにあこがれていた〝お姫さま〟になれる！という喜びでいっぱいに満たされたのです。きっと多くの人がもっていながら、夢のまま置き去りにしてきたであろう〝お姫さま願望〟をかなえてくれる。魔法のようなロリータへのときめきを胸いっぱいに感じて、それはもうひざから崩れ落ちそうになるくらい……あの感激は今も忘れられません。まさに心臓のど真ん中を撃ち抜かれた感じ。それまでは流行りの古着コーデが好きで、原宿のHanjiro（ハンジロー）へと足しげく通っていた私が、すっかりロリータの世界にハマってしまったのです。

とはいえ、すぐに路線変更できたわけではありません。ロリータファッションのトータルコーディネートは10万円ほどと高校生には高額で、即座にそろえられるような代物ではなかったのです。それでもすぐにラフォーレ原宿へと走り、MILKで靴下やカチューシャなんかを買い求めました。ブランドモデルの吉川ひなのさんがとてもかわいくて、私もぱっつん前髪をつくり、同じハートのバッグをお年玉で買いました。たとえ小物でも、ロリータアイテムを手に入れられると思うと、うれしくてうれしくてたまらなかった。プライベートではなかなか買えないだけに、撮影で頭からつま先までロリータファッションをまとえることは、私にとって本当に大きな楽しみでした。

本格的にロリータファッションを買えるようになったのは、社会人になってから、ようやく。正看護師として働き、夜勤もしていたので、20歳の新社会人としてはかなり高額な給料やボーナスを稼ぐことができていたのです。それをそのままロリータ服の購入費用に投入する勢いで、MILKやBABY, THE STARS SHINE BRIGHT、Emily Temple cute（エミリー テンプル キュート）といったメゾンを爆買い。このころに買った服は、今でもほぼとってあります。長いときを経て色あせてしまったものもあるけれど、1着ごとに大切な思い出が詰まった宝物です。

こうして10代で出会ったロリータに、その後も四半世紀近く変わらずに惹かれ続けているとは……。個性の強い世界観なので「飽きませんか？」と聞かれることもあるけれど、いいえ、とんでもない。20代で外務省から〝カワイイ大使〟に任命されて世界じゅうを訪れ、30代でドキュメンタリー番組に出演してそのファッションを広く知られるようになり……人生の転機はいつもロリータがらみ。私にとってロリータは、人生をずっと伴走してくれる友達なのです。

だから、ロリータを着ずにはいられない

念願のモデルデビューを果たしたものの、私の心は落ち着きませんでした。周囲の読者モデルたちはみんなおしゃれなカリスマで、細くて肌はつやつや。一方の私は、高校生になったあたりでアトピー性皮膚炎を発症し、肌の出る衣装の撮影ではどう隠そうか、いつもひやひやしていました。もともと人前にグイグイ出るような性格でもなかったし、自信もない。コンプレックスに押しつぶされそうになることもしばしばで、こんな私がモデルを続けていけるんだろうか――楽しくてたまらない撮影のときでさえ、心の片隅では不安をぬぐいきれませんでした。

それがあの日、ロリータ服を着た瞬間、すべてがひっくり返ってしまったのです。全身が上質な生地で包み込まれ、肌の露出はほとんどナシ。ぜいたくにあしらわれたフリルやリボンは、気になる体のラインをやさしくカバーしてくれます。

そのうえ、かわいさのかたまりのようなこの服は、私の持ち味を上手に引き出してくれたのです。撮影中はスタッフの方から「よく似合うよ」と声をかけてもらい、その日初めて、私はモデルとしての自信を感じることができました。

服として完璧にかわいいばかりか、私のコンプレックスをすべて隠してくれる――そんな服、ロリータだけでした。それまでに着たどんな服より、心身ともにフィットしている。これこそ運命に違いない！　夢中にもなりますよね。ロリータ服を着てカメラの前に立つことが、楽しくて楽しくてたまりませんでした。

そういう気持ちって、きっと形になって表れるものなのでしょう。まもなく雑誌の人気ページランキングに入るようになり、ロリータ服を扱うメゾンからはタイアップのオファーが届くようになりました。

これってきっと、ひとえに私のロリータ愛が爆発した結果なのです。撮影現場で一緒になるモデルのなかには「どうしてこの年齢になってフリフリの服を着なきゃならないの！」と、ロリータ服をはずかしがる人もいました。でも私にとっては、色とりどりのロリータ服を仕事で着られるなんて、最上級のハッピーでしかありません。だから、その喜びが写真にもあふれていたのだと思います。実際のところ、ロリータ服はインナーもアクセサリーも多く、全身コーディネートが必要なので、手間もお金もかかります。それらすべてをひっくるめて好きな気持ちがなければ、着こなすことが難しい服なのかもしれません。私が読者として見ていても「このモデルさんは、好きで着ているわけではないんだろうな」と感じることはありますし、ハッピーなオーラって、必ず伝播《でんぱ》するものなのです。

ロリータが変えてくれたのは、見た目ばかりではありませんでした。元来は引っ込み思案の私が、インスタライブでメゾンの新作を紹介し、お茶会で大勢を前にトークし、海外イベントで各国のファンと交流する。それはひとえに、ロリータファッションに身を守られている絶対的な安心感があるから。ロリータ服を着ることで、私は人見知りの一女性から〝ロリータモデル・青木美沙子〟に変身することができました。私にとってロリータは、最強の〝戦闘服〟になったのです。

成功の裏の悲劇

しかし、ロリータモデルとしての成功は、私のキャリアに思いもよらない影を落とすことにもなりました。当初はその斬新で個性的なスタイルから「ロリータ＝突飛で下品」というネガティブなイメージをもたれることも多く、メゾンによっては「ロリータファッションとして紹介してほしくない」と拒否反応を示されることも……。いつの間にかロリータモデルは、数あるファッションモデルのなかでも最底辺に位置づけられてしまいました。私が「ロリータモデルの青木美沙子」として知られれば知られるほど、ほかのジャンルのファッションを着る機会は減っていく。「ロリータを着るモデルに、ロリータでないブランドの服を着てほしくない」という考えが、業界の一部にあったのでしょう。モデルとして仕事の幅がせばまるのは大きな痛手です。が、それ以上につらかったのは「ロリータなんて下品」という偏見の目でした。

私やロリータ界隈の人々にとってはこんなにかわいくて最強のファッションなのに、少し輪を広げるとネガティブな視線にさらされる……ファッション業界全体で見れば、ロリータはそうとうニッチなジャンルなのだということを思い知らされました。10代後半でモデルを始めて以来、10年近くはそうした状況が続いたでしょうか。「ロリータ服は売れない、高額すぎる、非現実的」……偏見や差別的な言葉を突きつけられるたび、私は思いました。

ロリータのイメージを変えなくちゃ。私がロリータのイメージをもっといいものに変えるんだ!

ロリータは、その成り立ちからも着ている人のポリシーからも、けっしてキワモノ狙いの目立ちたがりファッションなんかではありません。でも、非ロリータからは誤解されやすいファッションでもあります。だったら、私がロリータ服を着続けるなかで誤解を解きたい。私という商品価値を高めて、ロリータが〝売れる服〟だということを証明したい。客観的な裏づけがあれば、ファッション業界だってロリータを認めてくれるはず。ロリータが末永く繁栄していくには、非ロリータにもその魅力を認められることが必要だ。そう考えました。

華やかなスポットライトを浴びながら、私の心の芯にいつもあったのは、このときの悲しみと悔しさでした。もしかしたら、これらがあったからこそつらい状況でもがんばれた、とすらいっていいかもしれません。のちにモデルと並行してプロデュース業を手がけ、さまざまなメゾンとコラボしてロリータファッションを生み出していくことになったのも〝より売れるロリータ〟を世に示したかったからなのです。

ときは流れ、今ではロリータは、ファッションの1ジャンルとして少なくない存在感を示すようになりました。海外でも着実に人気を広げ、コロナ禍でもロリータたちの購買力は衰えをみせません。私自身、かつて面と向かって「下品ね」と言ってきた人たちからロリータモデルとして丁重に扱われるようになり、そればかりか、メゾンからは「美沙子売れ（私が着用・紹介した洋服が売れる）」と言っていただけるまでに至りました。まだまだ先は長いけれど、少しずつ、けれど確かによい方向へと向かっている。私も微力ながらそこに貢献できたのではないかということが、たまらなくうれしい。そして、ロリータモデルとしてのひそかな誇りでもあるのです。

私に勇気をくれるスイッチ

気持ちを切り替えてくれるスイッチ――ロリータにその威力を感じるのは、看護師の仕事をしているときも変わりません。20歳からの5年間、看護師として大学病院で働く間も、ロリータは私にとっていちばんの心の支えでした。

大学病院勤務の看護師は、ひと言でいえば「ザ・過酷」。若い世代が多いため（経験を積んで転職する人が多いのです）、まだ経験の浅い私ですら、重責ある業務を次々と担うことになりました。50人もの患者さんを看護師3人で対応する夜勤、ご遺体のケアなど、体力的にも精神的にもハードな業務の目白押し。看護師1年目にして、夜勤中の真っ暗な病室で、ご遺体につきっきりでエンゼルケア（死後に行うすべての処置のこと）を担ったこともあります。医療器具を外したあと、血液や吐しゃ物で汚れた皮膚をきれいに整える保清、着替え、死後に施すエンゼルメイク……ご遺族がご遺体を引き取られるまでの限られた時間のなかで、最大限の処置をしたい。そう考え、いきなり鼻血が出るくらいに焦ってしまったことを覚えています。

人の生命がかかった、失敗の許されない医療現場。そこで働く大多数が女性なだけに、人間関係も厳しく、やりがいと同じくらいプレッシャーを感じる職場環境でもありました。看護学生時代は、ロリータファッションで授業を受けるなど自分なりのおしゃれを通すこともできましたが、大学病院では、決まりからはみ出す行為はいっさいNG。緊張と重圧の日々のなか、唯一の癒しが〝休日ロリータ〟になっていきました。

ワンピースに袖を通し、パニエを重ね、ボンネットをつければ、たまった疲れも吹き飛びます。ロリータは夢を現実にしたような世界観で満たされていて、いわばロリータファッションは、そこへ一瞬で導いてくれるパスポートのようなもの。これを着てショッピングやアフタヌーンティーを楽しみ、帰りの電車に乗るころにもなれば、気持ちはすっかりリセットされ、現実世界＝次の仕事へと向かう力がわいてきたものです。

これはロリータモデルを始めて気づいたことですが、ロリータには看護師や薬剤師など医療従事者が少なくありません。おそらく、ストレスの強い職場環境やロリータファッションをそろえられるくらいの収入、休日の調整をしやすいシフト制といった条件が、ロリータを続けるのにぴったりだからではないでしょうか。

私は私、ロリータはわが道を行く

もう少し、私の知るロリータについて掘り下げてみます。私を含めロリータを愛する人々は「世間一般」とか「多数派」といった価値観からは、遠く離れたところで生きています。

「なんのためにおしゃれをするの?」と聞かれたら、男女問わず本音では「モテたいから」と思う人は多いのではないでしょうか。ファッション誌を開けば「モテファッション」「モテメイク」「彼ウケナンバーワン」といった、異性に支持されることをアピールするキャッチコピーであふれています。でも、ロリータが服を着る基準は「他人に評価されるか」ではなく「自分がかわいくなれるか」。判断の主体はあくまで自分。いい意味で自己主張が強く、自分に正直な人が多いのです。当然、ファッションへのこだわりも強い。何が自分をかわいく見せてくれるかを知りつくしているから、好き嫌いもはっきりしています。メゾンごとに特徴があり、それぞれのファンたちでつくられる派閥めいたものも存在します。

また、ロリータというと〝ふわふわした夢見がちな女の子〟をイメージされがちですが、現実の彼女・彼たちの大多数は、地に足のついたリアリストです。先にお話ししたように、医療従事をはじめとする仕事をもち、自立した人が多い。定収入がなければ、ロリータ服を買い続けることはできません。口を開けばアニメ声、なんてこともちろんなく、話せばさまざまな話題が飛び出します。

といって、場の空気を読まずに騒ぐこともありません。１００人規模のお茶会でだって、はっちゃけることなく、節度を守ってアフタヌーンティーを楽しむ方がほとんど。これは海外のイベントでも変わりません。だから、たまにアイドルの方がゲストにいらしたときなど、登場しても会場が静かなので「盛り上がらなかったけど大丈夫でしたか」なんて心配されることも……（笑）。いえいえ、心の中ではめちゃくちゃ盛り上がっているけれど、それをストレートに表現するのはしたなみがない、と慎んでいるだけなのです。気にしないでくださいな。

こういうロリータ特有の習性（？）は「このかわいい服が似合うお嬢さまとしてふさわしい自分でありたい」という気持ちがベースにあるからこそ。けっして無理して自制しているわけではなく、自然と立ち居振る舞いに表れるのでしょう。よくも悪くも他人に流されることをよしとせず、わが道を行くロリータ。同じ世界の仲間として、とても心強い存在です。

実家は頼れる私の基地

短大時代を除けばずっと、生まれ育った千葉県船橋市の実家で家族とともに暮らしています。両親は、父が会社員、母が水泳のインストラクター。ロリータとはまったく無縁の家庭です、もちろん。両親、特に母とはとても仲がよく、仕事の報告もしょっちゅうしています。ただ、職業としてのロリータモデルは私以前にはほぼ例がないので、親世代からしたら、なかなか想像しづらい世界ではあるようです。だから、仕事の込み入った相談をするというよりは、悩んでいるときに励ましてもらうような関係。

ロリータモデルを始めた当初も、両親はそれがどんなものか、みじんもイメージできなかったようです。それでも母はわからないなりに「自分のしたいことを責任をもってやればいい」というスタンスを示してくれました。父はファッションにも芸能にも疎いので、娘がお姫さまみたいな格好をして近所を歩いている、という気はずかしさはあったみたい。正看護師の資格をとろうか迷った時期には「資格をとっておけば好きなことができる。好きなことをしたいなら、筋の通った仕事をひとつもちなさい」とアドバイスされたこともありました。

その後、正看護師として働いたり、外務省から〝カワイイ大使〟に任命されたりするうちに、徐々に私を自立した女性だと認めてくれたようです。高度経済成長期にサラリーマンとして堅実な人生を送ってきた父からしたら、私の生き方はきっと〝普通〟じゃない。だからこそ看護師の仕事をがんばったり、モデルを長く続けたりして実績を上げることで「こういう働き方もあるってことを、少しずつ理解してもらえたらいいな」と思ってやってきたところがあります。その甲斐《かい》あって、今では仕事については安心してもらえている気がする……日ごろ、そんなに深いことをじっくり話し合ったりはしないけれど、私がコラボしているメゾンをリサーチして長〜いブランド名を覚えるなど、そっと応援してくれているのを感じます。インスタもフォローされていますし（笑）

実家に住み続けていてありがたいなと思うことは、精神的な支えを得られる以外にもあります。そのひとつが「ロリータ部屋」。部屋のひとつを私の衣装専用にさせてもらい、これまでに集めた1000着ものロリータ服をまとめて収納しています。大好きなロリータで満たされたこの部屋は、私に最高の幸せを実感させてくれる空間。どんなに仕事で疲れていても、ここでゆったり過ごせば、再び元気を取り戻すことができます。コロナ禍ではルームツアー動画の配信をここから行うなど、情報発信の場としても活躍してくれました。

現実的なことをいえば、経済面でもかなり助かりました。大学病院時代にロリータに給料をつぎ込めたのも、25歳で退職した直後の不安定な時期にどん底の生活をしなくてすんだのも、思えば実家暮らしだったからこそ。それに20代半ばからの10年間ほどは、カワイイ大使や外国企業との仕事で世界じゅうを飛びまわる生活を送っていたので、もしひとり暮らしをしていたら、なにかと不便でコスパもよくなかったと思います。

私にとって実家は、何があっても帰ってこられる基地のようなもの。早く結婚してほしいとか孫の顔が見たいとか、心配はもちろんあるのでしょうが、何も言わずに見守ってくれる両親には、感謝してもしきれません。いつもありがとう。

第3章

ロリータ、世界を駆けめぐる

世界に羽ばたく日本の「カワイイ」

2009年のある日、ロリータモデルとしての大きな転機が突然に訪れました。外務省から〝カワイイ大使〟に任命されたのです。これは日本のポップカルチャーを広める目的で委嘱されたもので、1年にわたり世界の国々を訪れて広報活動するという、なんともスケールの大きな仕事でした。

すでにロリータモデルとしての活動が軌道に乗り、しばらくたっていたころのことです。モデル活動と並行しての大学病院勤務も5年目を迎え、中堅看護師として激務をこなす日々でした。カワイイ大使の活動は絶対にやりたい、でも、このままの勤務形態でさらなる活動を行うのはとても無理……そこで私は、思いきって大学病院を退職することにしました。といっても、看護師をやめるのではもちろんなく、より勤務日に融通のきく、登録制の訪問看護師として働くことに決めたのです。25歳の春でした。

それからの1年間は、なんて熱狂的でめまぐるしかったことか！ カワイイ大使として訪れた国は、フランスのパリを皮切りに、ヨーロッパからアジア、南米まで10カ国25都市。お茶会やサブカルチャーイベントへの出席、ファッションショーへの出演、ファンとの交流など、さまざまな文化外交活動を通して日本発のポップカルチャーをアピールし、日本への興味や親しみをもってもらうのがおもな活動内容でした。

カワイイ大使の初仕事は忘れもしません、毎年夏にフランスのパリで開催される「ジャパンエキスポ」。ヨーロッパ最大級の日本イベントで、日本が誇るアニメや漫画、コスプレ、ファッションといった文化を紹介する総合博覧会です。

そこで私はたくさんのロリータちゃんと出会いました。当時、海外にはロリータ服を扱うお店はほとんどありませんでした。インターネットで情報を手に入れるのだって、今よりずっと難しかった時代です。海外のロリータちゃんたちは

『KERA』を個人輸入したりして、必死にロリータ情報にアクセスしてくれていたのです。そんななか現地を訪れると……私の予想をはるかに超え、すでにロリータ文化が根づき始めていることを確信させる熱狂ぶりでした。

現地で会う人会う人、みんな口にするのが「カワイイ」という日本語。ロリータの本質を表すこの言葉は、海を越えたヨーロッパにまで届いていたのです。ファッションショーやテレビの取材など、分刻みのスケジュールを必死にこなしながらも、このうれしさはずっと胸に響き続けていました。

不自由のなかに自由を求めて

数ある国々のなかでも、中東のカタールのことは忘れられそうにありません。

カタールの女性は、家族や女性だけでいるとき以外は、みだりに肌を見せないよう「アバヤ」という民族衣装を身につける決まりになっています。みな一様に黒装束を身につけている国でロリータのファッションショーを開催するなんて、前代未聞の試み。ファッションに厳しい制限のかけられた国で、はたしてロリータは受け入れられるのか……。

ショーでは肌の露出がNGなので〝隠しながらファッションを魅せる〟ギリギリのラインを攻めることにしました。スカートの下にタイツをはくなどして、極力肌は露出しない。ヒジャブ（頭などを覆う布）にフリルやリボンをつけ、その上からカチューシャをセットする。アバヤの裾にレースをつけてデコラティブにする――こうしてアバヤとロリータをミックスさせた衣装の反響は上々でした。アバヤの下に着る衣装は比較的自由らしく、シャネルなどのハイブランドを身につけている人が多くいましたが、今度はそこにロリータ服を取り入れたい、という声がたくさん寄せられて……制約を超えるファッションへの情熱を、初めて目の当たりにしました。その後〝ロリータ×ムスリム（アバヤ）〟の融合は進み「アバロリ」として人気が定着することになります。

正直、カタールを訪れる前は、これほどロリータが浸透しているなんて想像もしていませんでした。もし私が、つねに黒いコートを着ていなくてはならない、というルールにしばられていたら、今ほどロリータへの情熱をもち続けられるのか……？　でも、実際にカタールの人たちと触れ合ってみると、ファッションに制限があっても、むしろ制限があるからこそ、みんな静かに熱い情熱を燃やしていました。限られた条件の範囲内であろうとおしゃれを楽しみたい。そんなニーズは万国共通で、どんな状況にあっても変わらない。同時に、日ごろ当たり前すぎて意識していなかった「日本がどれだけ自由で安全か」という事実にも気づかされたのでした。

日本はギャル系もモード系も、それこそロリータだって、幅広いファッションがそれぞれの世界をつくり、すみ分けています。多種多様な嗜好《しこう》が認められる日本だからこそ、ロリータが生まれる土台となったのかもしれません。でも、世界には好きなファッションが許されない、規範からはみ出したら出歩けないほどに抑圧された国だってあります。それこそ、好きを貫くのは命がけというほどに。

日本ではロリータ服を着て街を歩こうが、電車に乗ろうが、いきなり襲われるようなことはまずありません（酔っ払いにからまれることはあるけれど）。「この地域をロリータファッションで歩いてはいけない」なんて決まりもありません。けれど外国には「ロリータ服を着て表を歩く＝お金持ちや観光客とみなされて襲撃される」危険なエリアも存在しました。そう考えると、日本のロリータを取り巻く環境はやさしいとはいえないまでも、個人の信条としてロリータを貫けるだけ自由ではあるのでしょう。日本に生まれてロリータを楽しめることに、あらためて感謝したくなりました。これもまた、日本から出て外側から眺めてみなければ、気づけなかったことです。

世界から見た日本の〝不思議〟

一方、日本の外側から日本を眺めることで、新たに気づかされた〝不自由〟もあります。

たとえば、これまで数多くの国や地域を訪れたけれど「年齢」について聞かれたことはありません、それこそただの一度も。というか、ロリータと年齢を結びつけるのは、おそらく日本人だけ。

「あなた、そんな服を着ているけれど何歳なの?」

「いったい何歳までロリータを続けるつもり?」

日本では飽きるほど繰り返されてきた質問。これ、世界ではけっして当たり前ではないのです。誰が何歳でロリータ服を着ようが、まったくもって自由。年齢どころか、国籍も人種も異なる人たちが同じロリータ服を着ているところを見れば、たかだか年齢ごときにこだわるのがどれだけ無意味なことか、はっきりとわかります。

もちろん、それはロリータでなくても、カジュアルでもパンクでも同じ。自分と違う趣味のファッションをしているからと奇異の目で見たり「このファッションをするならやせていないと」なんて決めつけたりするほうが、よほど不自由で不自然なことです。海外では70代の白髪のおばあちゃんだろうが、ふっくらボディの女の子だろうが、みんな、めいっぱい自分の好きなファッションを楽しんでいます。

これには驚きました。今まで〝普通〟だったことが〝普通じゃない〟なんて。もしかして、私が日本で〝当たり前〟だと思っていたあれもこれも、本当は〝おかしなこと〟だったのかもしれません。

変幻自在のグローバル・ロリータ

こうして世界各国をまわってあらためて気づかされたことは「ロリータ、変化への適応性高すぎ」です。日本のロリータファッションをベースに、その国ならではのアレンジを施した〝お国柄ロリータ〟には、毎度たくさん楽しませてもらいました。

たとえば中国では、伝統的なチャイナドレスのテイストを取り入れた、中華風ロリータファッションが見られます。日本では「華ロリ」と呼ばれ、ロリータの1カテゴリとして大人気。鮮やかな色や柄を好む中国人ならではの、華やかさが感じられるデザインです。

華やかといえば、アメリカも負けてはいません。明るく派手好みなお国柄だけあり、ロリータもアメリカンテイストというか、ポップでにぎやか。剣山のようなものをボンネットにつけて王冠風のアクセサリーを自作したり、スカートの下にライトを仕込んで光らせたり（！）と、見ているだけで笑顔になるような楽しい工夫がいっぱいです。ウィッグのカラーもピンクやパープルなど、ヴィヴィッドなものにあふれていました。

逆にフランスでは日本のメゾンが人気で、基本に忠実というか、日本のファッション誌のコーディネートをなぞって着ている人が多い印象でした。フランスには早くから日本のメゾンが出店したので、現地で直接、日本のロリータ服を入手しやすい環境だったことも影響しているかもしれません。もともとロリータはマリー・アントワネットのようなロココ調のドレスに大きな影響を受けているので、私からすれば、鼻が高く、はっきりした顔立ちのフランス人こそロリータとの親和性が高い、と思えるのだけれど……これがフランスのロリータからすると一転、童顔に見える日本人こそ「お人形みたいでロリータにぴったり！」と映るようなのです。「より幼げな雰囲気を出してドールに迫る」という、至上命題を理解してくれている。日本のロリータをリスペクトしてくれている。だからこそ、日本流の着こなしを尊重しているのかもしれません。

こんな具合に、ひと口に「ロリータ」といっても世界各地で着こなしは異なります。日本から発信されたロリータが、地域によってさまざまな解釈をプラスされ、新たなカテゴリーを生み出しながら発展していく。一方的に日本文化を押しつけるのではなく、その地域の文化を融合させてさらにかわいくなる。ロリータは、どんなデザインも取り入れて輝かせる包容力に富んでいます。これって、デザインだけの話ではありません。日本人と外国人ではかなり体格が違いますが、それでも対応できてしまうのがロリータ服のすごさ。背中のシャーリングはリボンを抜いてしまえばかなりの幅まで伸ばせますし、どうしても難しいサイズの人でさえ、多少の手直しで着ることができます。日本のメゾンも、海外用にサイズやパターンをわざわざ変えて製作しているところは、あまりないんじゃないかな。

国籍や人種を問わず、誰でも、そのままでもアレンジしても着られる。世界じゅうのロリータと接したことで、あらためてロリータ服のもつ無限の可能性を感じたのでした。

今、もっともアツいのは中国発の〝華ロリ〟

世界じゅうに広がりを見せるロリータ。しかし近年もっとも盛り上がっている国といえば、なんといっても中国ではないでしょうか。体感的には2015年ごろからロリータ人気が爆発し、その勢いがずっと続いている感じ。さすが日本の10倍以上もの人口を擁《よう》するだけあって、ロリータ人口もケタ違いです。若者だけでなく、50代から60代の中高年層にも幅広く支持されているのも、中国の大きな特徴といえます。

ではなぜ、中国でそんなにもロリータが人気を博したのでしょうか。まずいえるのは、華やかなデザインや派手な色使いを好む中国人の気質にマッチしたこと。彼らは派手であればあるほど〝めでたさ〟に通じると尊ぶため、ロリータに対して非常にポジティブな印象を抱いています。だからでしょう、日本との違いで強く感じるのは、ロリータを取り巻く周囲の目の温かさ。日本ではなかなかお目にかかれない光景として、中国のお茶会には、カップルで参加する人たちがたくさんいるのです。というのも、中国人男性にとってロリータファッションを身にまとう恋人は「自分のためにこれほど華やかに装ってくれている」自慢であり、誇らしい存在なんですって。

これほど愛好家がいるのだから、ビジネス市場として大きいのも当然です。いまやロリータ服を製作する中国発のメゾンは数千、いいえ、万を超えるほど存在します。お茶会などのイベントも中国各地で毎週のように開催され、大規模なものでは数千人のロリータが集結することも。そんな中国のロリータ界でも私はよく知られており（ありがとうございます）、コロナウィルスが流行する以前は、週に一度は上海などへイベントゲストとして招待され、訪中していました。都市部から地方まで、1回で100万円の報酬を提示されるイベントもあれば、ほぼノーギャラで赴くイベントも。しかしどこへ行っても同じなのは、中国人ロリータの熱狂ぶり。これにはいつも圧倒されるばかりでした。

こんなにも盛り上がりをみせる中国ですから、日本のロリータ界だって放ってはおきません。日本のロリータブランドは中国でも人気で、国内向けより輸出分の売り上げが大きいメゾンも少なくありません。今後のロリータをビジネス目線で見れば、アジア市場、とりわけ中国を抜きに考えることはできないでしょう。

私自身も、ロリータをさらに世界じゅうでポピュラーな存在にするには、中国のムーブメントはとても重要だと考えています。なので、中国のファンに向けた活動は欠かしません。特にコロナ禍で海外渡航が難しくなってからは、オンラインでの情報発信が重要な広報ツールになりました。中国国内ではTwitterや

Instagramの閲覧はできませんが、その代わり、微博（ウェイボー）や抖音（ドウイン）、小紅書（シャオホンシュー）といった独自のSNSサービスが発達しています。そこで、私も中国向けにそれらのSNSアカウントをつくり、頻繁に情報を発信することにしました。日本語で制作した動画をInstagramなどにアップしたら、同じ動画に中国語の字幕をつけて中国にも発信。中国のロリータちゃんは、動画をアップするとすぐさま見てくれたり、コメントを寄せてくれたり、とにかくとても活発です。日本のSNSでバズった話題はたいてい、中国でもバズることがわかってきました。私のYouTubeで高アクセスを獲得した動画「40代になってもロリータ着るょ♡年相応のファッションなんてない」も例にもれず、中国で大人気のコンテンツとなりました。現在、中国のSNSアカウントの総フォロワー数は100万人を超え、私は「会長」と呼ばれて、あたかも歴史上の人物のような扱いを受けています……（笑）

「カワイイ」は国境を越えて

ほかにも、カワイイ大使として訪れた国や都市には、すべてに忘れられない思い出があります。ここではそのごく一部を振り返ってみます（懐かしい！）。

【フランス】ジャパンエキスポをはじめ、次から次へとイベントや取材があり、めまぐるしい日々を送りました。滞在中、毎日の睡眠時間は2～3時間程度。夜勤ありの看護師生活で培った体力があったからこそ、乗りきれたのかも。

【アメリカ】イベントやお茶会が盛んに開催され、中国に次ぐロリータ人気を誇り、中国に次いで多く訪れている国でもあります。日本のアニメが大人気なので、ロリータはそういうイベントにプラスされるかたちで参加することも。ロリータ服でハンバーガーを頬張るのは至難の業《わざ》(お洋服を汚す危険がたくさん!!)ですが、何度も食べるうちにコツをマスターしました。

【ロシア】世界で3番目にロリータが盛り上がっているのがロシア。毎年9月にモスクワで大きなロリータイベントが開催され、ロリータブランドも多数参加します。ロシアの民族衣装「サラファン」と融合させた「サラロリ」が人気。現地はとにかく寒くて、とにかくごはんがおいしい!

【ブラジル】2週間かけて4都市をまわりました。日本の裏側だけあって、片道30時間以上かけての移動は、まさに体力勝負でした。顔も足もむくんでパンパンになるので、機内ではロリータ服の下に着圧ソックスが必須! 治安に不安のある地域もめぐったため、移動はすべて防弾車、ひとりでの外出は禁止でした。ただ、親日のサンパウロなどは日系人が多く、NHKが放送されている地域もあり、ロリータの存在もよく知られていました。

【メキシコ】アメリカのサンディエゴから陸路で入国しようとしたところ、入国審査時に「ひとりでメキシコへ行くのは危ない」と言われ、別室でいろいろと事情を聞かれました。説明が大変でしたが、自分のTwitterやInstagramを見せると身分証代わりになったのか（？）入国許可がおりました。街中では人々に拍手されたり撮影されたりと、温かく迎えてもらえました。

【中国】いちばん熱狂的な歓迎を受けた国。空港に降り立った瞬間から、まるでアイドルのようにファンにもみくちゃにされて驚きました。上海のディズニーランドを訪れたときなんて「私、ミッキーマウスだったっけ？」と錯覚するくらい大勢のファンに囲まれ、即席のグリーティング状態に。現地ではロリータイベントをきっかけにカップルが誕生するほど、ロリータは〝モテファッション〟と認識されていることにも驚かされました。日本と真逆すぎる……。

当たり前ですが、私は訪れるすべての国の言葉を話せるわけではありません（というか、英語だっておぼつかない……）。でも、どの国でもみんな口々に日本語で「カワイイ！」と言ってくれたのには驚き、そして感動しました。好きなファッションが同じという共通点さえあれば、互いに「カワイイ」と言い合うだけで、ほかの言葉が通じなくたってわかり合える。「カワイイ」は世界共通語――行く先々で、そう実感したのでした。

それだけでなく、さまざまな国や地域の人たちがロリータに熱狂する様子を目の当たりにして、もっともっと日本やロリータのことを知ってもらい、好きになってもらいたい。日本のロリータ代表として選ばれたからには、そのためのきっかけづくりがしたい。自然とそんな責任感が芽生えてきました。私にできることで、ロリータを世界の隅々まで届けるお手伝いがしたい――1年間の任務終了後も、その思いは強くなる一方。私はそして、日本だけでなく世界でも愛されるロリータになろう、と心に決めたのです。世界じゅうのロリータちゃんたちの魂を、少しずつ背負いながら。

ロリータ渡航あるある

入国審査がやたらと厳しい

ロリータにとって必須のパニエ、そして前髪ぱっつんの重めロングスタイルは、ときに麻薬の密売人と勘違いされます……（笑）。不自然にふくらむスカート、ウィッグをかぶっているかのような髪の中に、麻薬を隠し持っているのではないかと。確かに、非ロリータから見たら怪しく感じるかも？　入国審査時に別室に連れていかれ、パニエをチェックされたり、髪の毛を軽く引っぱってウィッグではないか確認されたり。何も持っていないとわかるとスムーズに通してもらえますが、何回か別室チェックを受けた経験があるため、毎回かなりドキドキします。

機内でもロリータファッション

海外をたびたび訪れていると、移動中にもさまざまな事件が起こります。特にトランジットのある移動では、スーツケースが届かない「ロストバゲージ」が多発。イベントにはロリータ服が必須なので、危険回避のため、ロリータファッションのまま飛行機に搭乗するようになりました。ワイヤーパニエと厚底シューズは保安検査場で必ず引っかかるので、注意しながら通過します。３６５日、つねにロリータ服を着ているので苦ではありませんが、長旅のときは、ロング丈デザインの〝楽ちんロリータ〟がお決まりです。

「このなかにナースは……」
――はい！　私です!!

ドラマや映画のシーンでよくある「お客さまのなかに、ドクターやナースはいらっしゃいませんか？」というアナウンス。私が乗る飛行機で、実際に流れたことがあります。ロリータ姿で名乗り出たら「嘘だろ？」と思われてしまうかもしれないけれど、人を助けるためにナースになったのだから、勇気を出して「私、ナースです」と伝えました。貧血で倒れた若い女性の介抱をしたのですが、すぐに意識が回復して大事には至りませんでした。これこそ、ロリータナース！　看護師のスキルは、日常生活でも役に立つことがたくさんあります。このときばかりは、資格をとっておいてよかった！と心の底から思いました。

第4章

脚光と逆風のなかで

「プチプラ×ロリータ」という冒険

「しまむら×青木美沙子」――異質に思えるこのふたつが組み合わさって生まれたコラボは、発表当時、ロリータ界をちょっぴりざわつかせました。ファッションセンターしまむらといえば、幅広い年齢層へお手ごろ価格の商品を大量に提供する企業。そこへ、ニッチで高額なイメージのロリータが進出……？

トータルコーディネートで10万円超えが当たり前、どのお店にも置いてあるわけではないロリータファッションは、気軽に始めるにはハードルが高いジャンルです。わかります、私もそうでした。でもそれって「ロリータは全身コーディネートして当然」「高額になるのが当たり前」と、自分たちでハードルを上げてきてしまったのかも。かわいさを追求するうちにさまざまな決まりごとが生まれる、それは素敵なことでもあるけれど、世界をせまくしてしまう可能性もある。そう思えたのです。

最近はコロナ禍の影響でさらにロリータ服の価格が上がり、ますます高嶺の花になりつつあります。でも、身近にあるしまむらでプチプラなワンポイントコーデを楽しめるとなったら、もっとたくさんの方が冒険できるかもしれない。これまでロリータを知らなかった方が興味をもってくれるかもしれない。それをきっかけに、さまざまなメゾンの待つ、奥深いロリータの世界へと足を踏み入れてくれるかもしれない。最初は〝ロリータもどき〟でいいのです。ロリータを知らなかったり、まだ一歩を踏み出していなかったりする方々へ、その足がかりをつくりたいと思いました。

より多くの方が手に取りやすいよう、デザインはひかえめに。いつもならリボン3つはつけるところをひとつにしたり、バッグやヘアアクセサリーなど、ふだんのファッションに〝ちょい足し〟できる小物をメインに考えました。

正直、不安はありました。既存のメゾンで買うのが当たり前のロリータちゃんからは反発されるかもしれない。ロリータの裾野が広がるのを喜ぶ人もいれば、レア感が薄まるのをイヤがる人もいるでしょう。けれど……ふたをあけてみたら完売店が続出。すぐに第2弾、第3弾と続くことが決定し、ロリータに興味はありながらもなかなか手を出せなかった〝潜在ロリータ〟の存在を感じずにはいられませんでした。

コロナ禍や値上げの波が押し寄せて、好きなことに使えるお金が減ってしまった人は多いはずです。ロリータ業界がこれまでどおりのやり方をしていたら、だんだんと買う人・買える人が減っていき、衰退してしまうんじゃないかと思えて怖い。だから、この「プチプラ×ロリータ」のように今まではないことに挑戦して、ロリータの世界をもっと広げていきたいのです。それが、ロリータが末長く愛されるために必要なことだと思うから。

コロナ禍でも増えるコラボ

ロリータ服を毎日着ていると、絶対に聞かれる「飽きませんか？」。そうですね……飽きはしないけれど、足りないです〝着ているだけ〟では。だからこれまで、たくさんのメゾンやメーカーとコラボ商品を作ってきました。

コラボというと「メーカーが作ったサンプルを最後に確認するくらいでしょ」なんて思われることもあります。つまり「名義貸し」。でも、私の場合はスタート時点から、メーカーさんとしっかりタッグを組んで作っていきます。というか、必然的に全面監修というかたちになってしまいます。なにしろ私は、日本でいちばんロリータ服を着てきた人間。服飾を専門的に学んだことこそないけれど、生地の質感から肌触りから装飾のこだわりまで、ロリータの心をつかむポイントを身にしみて実感しているからです。

老舗のメゾンなら、生粋のロリータちゃんを満足させるこだわりのデザインを。プチプラなら、マスを意識したソフトロリータ（カジュアルロリータ）寄りのデザインを。その企業の強みや狙いを生かした商品を一緒に作っていくのは、とても楽しい仕事です。

コロナ禍で渡航規制がかかり、海外での仕事はほぼなくなってしまいました。けれど逆に、国内企業からのコラボの依頼は増えました。それも、コロナ禍が長引くほどに続々と。外出の機会は減ったはずなのに、どうして？　ロリータたちの愛が衰えていないのはもちろんですが、もうひとつ大きいのは、メゾンによる、ロリータを未来につなげるための努力だと思うのです。ここで定期的に新作を発表して、通販でも買ってもらって、というサイクルを崩さないための努力。どんな状況であろうと買える新作がなかったら、それは衰退の始まりだから。

そうはしたくないから、私もできる限りコラボの依頼を受け、インスタライブで商品を紹介し、今日もロリータ界を盛り上げるためのお手伝いをするのです。

SNSがロリータのビジネスモデルを変えた

SNSって大発明ですよね。この仕事をしていると、しみじみと感じます。SNSが浸透する前と後とでは、ビジネスとしてのロリータモデルを取り巻く環境は、大きく変わりました。激変です。

2014年ごろでしょうか、InstagramやFacebookが一般的になってきたのは。それまで個人で発信するメジャーな方法は、アメーバなどのブログサイトでした。私ももちろんやってはいたけれど、あくまで国内の同好の士が読むものというイメージでした。それが、インスタが流行って一気にグローバル化。アメリカ、フランス、中国……いろいろな国から、ロリータの情報を求めてアクセスされるようになりました。「世界とつながった」感覚。それまで私が個人で発信する方法といえば、国内向けにブログ記事を書くか、海外へ出向いてイベントなどで伝えるか。それが、世界じゅうとやりとりする手段を手に入れたことで、フレキシブルに情報を発信し、反応を得られるようになったのです。

まず、営業が格段にしやすくなりました。というか、営業をかけるという感覚がなくなりました。今している活動がそのまま、未来の仕事への営業になるのですから。たとえば、メゾンの新作を着てInstagramに投稿する。↓すると、それを見たファンの方が「美沙子ちゃんのインスタを見て」と言ってメゾンで買ってくれる。↓すると、メゾンは「青木美沙子が着た服は売れる」と判断してくれる。こうした反響が続けば「じゃあ、次の新作は青木美沙子にPRをお願いしようか」と考えてくれる可能性はじゅうぶんありえます。

しかも、SNSでは広告案件ばかりを発信しているわけではありません。アフタヌーンティーやおでかけをしている日常の写真や動画でも、そこで身につけている服や小物が見ている方のアンテナに引っかかれば、結果的にPRになります。つまり、発信することすべてが営業につながるのです。これって、すごくハッピーな好循環じゃないですか？

この一連を積み重ねていくと、インターネットで「ロリータ　●●」と検索した1ページ目が「青木美沙子」で埋めつくされる現象が起こります。すると「ロリータといえば青木美沙子」というブランド力が育ってくれるのです、私の知らないうちに。

SNSの影響で、私のロリータモデルとしての活動は、企業からダイレクトに評価されるようになりました。そして、国の内外を問わず、企業と直接やりとりできるようにもなりました。だから仕事の幅が大きく広がったし、セルフブランディングもしやすくなった。おかげでこの5年ほどの間に、ロリータモデルとしての活動だけで生計が立つようになりました。マスメディアを通さなくてもこれだけ活動ができるだなんて、モデルを始めたころの自分に教えても信じないでしょう。私にとっては、ほとんど革命といっていいレベル。ありがとう、SNSをつくってくれた人（笑）

美沙子流ＳＮＳとの付き合い方

ＳＮＳのおかげでラッキー！みたいな話ばかりしてしまいましたが、それは仕事に関わることだけではありません。なにより、世界じゅうのロリータちゃんたちと直接つながることが可能となりました。それだけに、大事にしているいくつかの考えがあります。

世界観を統一する

いきなり「Ｔシャツにジーンズ」のような、テイストの違う格好はしない。こたつに寝転んでみかんを食べたりもしない。どの記事や動画を見てもロリータの世界観を味わえるよう、つねに意識しています。

〝旬〟の服を着る

基本的に、現在販売中か予約受付中のアイテムのみを身につけるようにしています。これはタイアップ記事であるかどうかには関係なく、私のモットー。欲しいのに買えないとわかったら、相手をがっかりさせてしまうこともあるでしょう。ロリータの経済活動を高めることも私の目標のひとつだから「これ欲しい！」というロリータの、瞬間最大風速のテンションを大事にしたいのです。

同じ服は着ない

一度登場させた服や小物は、ほかの記事や動画では、できるだけ身につけないと決めています。なるべく多くの旬のコーディネートを紹介したいから、かぶるのはもったいないと思ってしまうのです。

「仕事」と思わない

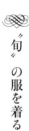

こうしてお話しすると、ガチガチのビジネスモードで計算しているかのように思われるかもしれません。でも実際は、仕事と思っていないのです、ここまで語っておきながら……（笑）。なにより、私自身が今やりたいこと、楽しいことが情報発信の基準。それらを提案することで、ロリータファッションを着ていく機会や場所を増やしたいというのが私の願い、というか野望なのです。

いきなり「ロリータババア」が飛んでくる

とっても便利で頼れるSNSですが、いいことばかりではありません。過去には海外滞在中にインスタのアカウントが消えて、それまでにした5000の投稿と、7万5000ものフォロワーがはかなく消滅したことも……。その後、無事に復旧はしたけれど、あのときの心臓バクバクと手の震えはこの先、二度と味わいたくありません。

それから、世界じゅうの人とダイレクトにつながれるということは、ネガティブな反応まで直接叩きつけられる可能性があるということ。私も「ロリータババア」「25過ぎてはずかしい」「いつまでやるんだよ」などと、特に年齢に関連しては、信じられないほどキツい言葉で罵倒されることがあります。ダイレクトメールや引用リツイートで「それ、批判を超えていない？」というレベルの暴言を吐かれることも……。

もちろん、ひどい言葉を投げつけられたらへコみます。人間ですもの。それに対してどう対処するか、考え方はいろいろあるのでしょうが、私の場合、スルーはできるだけしないようにしています。「こういうことを言われたけれど、私はこう考える」と（個人情報に配慮しつつ）、あえてTwitterで取り上げたりします。それは、中傷には屈しない、というスタンスを示す必要があると思っているから。

数年前、年齢を公表してたくさんの方々から共感の言葉をもらったとき「一般的にマイナスとされがちなことは、ひた隠しにするんじゃなくオープンにすることで、得られることのほうが多い」と学んだのです。だから、たとえそれが中傷であっても、見なかったふりをするのではなく「私は好きでロリータをやっているし、これからも続けていきます」と、はっきり気持ちを表すようにしています。そこから議論が始まってバズることもあるし、結果的にロリータへの理解を深めるきっかけにつながるんじゃないか、と期待してもいるのです。それに私だけでなく、ロリータちゃんたちは多かれ少なかれ、心ない言葉を投げつけられた経験をもっています。私が「他人からどう言われようと、何歳になってもロリータを続けるよ」と明言することで、力になれる部分があるんじゃないかな。そう思いたいのです。

繰り返される逆境のなかで

ワールドワイドに認められた文化が、意外にもその発祥の地では偏見の目にさらされている……これ、わりとあるある。たとえば「オタク」も日本とそれ以外の国では、かなり受け止められ方に違いを感じます。そして、わが「ロリータ」もそのひとつ。日本では「ロリータ」を「ロリコン（ロリータ・コンプレックス）」と結びつけてしまう人がいます。それも、けっこうな割合で。語源こそ同じナボコフの小説『ロリータ』かもしれませんが、ロリコンは幼女・少女への恋愛感情（Wikipediaに教えてもらいました）であり、性癖のひとつ。ロリータはファッション文化のひとつ。共通するのは「ロリ」の2文字だけなのに、いっしょくたにされてしまいます。

なんだかいやらしい嗜好をもっているんだろう、なんて、謎の言いがかりめいた視線を浴びることもあります。「ロリータの彼女と一緒に歩きたくない」と言い放つ男性も珍しくありません。ロリコンは1970〜1980年代前半にかけて社会現象になったそうなので（これまたWikipediaに教えてもらいました）、そのあとに流行したロリータは関連づけられやすかったのかもしれないけれど……私たちはただ、好きなファッションを楽しんでいるだけなのです。

これだけでなく、ロリータが歩んできた道を振り返ると、ブームが盛り上がったり偏見が強まったり、その軌道はまるでジェットコースターのよう。最初に流行ったのは雑誌のストリートスナップが人気の時代で、そこからロリータファッションが生まれて発展したといわれています。ヴィジュアル系バンドや音楽と親和性が高く、ファンにも人気がありました。ただ、上質とはいえないロリータ服が出まわったこともあって、ブームが失速。それどころか、男性から見て「デートに着てきてほしくない服」という、ネガティブなイメージまでついてしまって。2004年公開の映画『下妻物語』や漫画『DEATH NOTE』（のミサミサが着るゴスロリ）の影響で人気を盛り返したものの、メジャーなファッションジャンルとまでは定着しませんでした。すると今度は、ロリータファッションをまとった少女による事件が報道され、あのころ、街中のロリータに向けられる視線はなかなか厳しかった……。そして、クール・ジャパン戦略のひとつとしてカワイイ大使が誕生した２００９年ごろからまた見直され始め、大きなムーブメントとまではいかなかったけれど、ここ数年はＳＤＧｓや多様性社会とからめて注目を浴びるようになってきた……という感じ。山あり谷ありすぎます。

個性的で目を引くロリータは「みんな同じ」だと安心できる日本では、異質なものとして目をつけられがちなのかもしれません。私も10代のころから、電車に乗り合わせた人から説教されたり、道を歩いているだけで酔っ払いにからまれたり。このコロナ禍においては「日本じゅうが大変なときに派手な格好をして！」「そんな服を着るなんて不謹慎だ！」などと、これまでロリータを知らなかったような人たちからもなじられました。冷静に考えれば、ロリータと新型コロナウイルスの流行にはなんの関係もありません。コロナ禍だからといってファッションをひかえてしまえば、ロリータ服を作るメゾンもおでかけ先の店も困ってしまいます。コロナ禍だからこそ、できるだけいつもと同じように経済をまわしていかなければ、この先また、ロリータはすたれてしまうかもしれない。かつて何度も苦境に陥ったロリータ界を見てきたからこそ、もうそんなさびしい状況にはしたくないのです。

第5章

自分らしさを求めて

ロリータ、婚活する

結婚したい……！　私は焦っていました。

32歳のころです。30歳前後で結婚して子供を産んで家庭を築く、または離婚してシングルマザーとして再出発するなど、周囲は人生の次のステップをどんどん踏み始めていました。独身の友達と集まっても、話題は恋愛か婚活が中心。私はといえば、ロリータモデルと看護師の仕事に没頭していて……あまりに没頭しすぎて、気づけばアラサーになっていたのです。

別に独身主義を貫くつもりはないけれど、ロリータを一生貫くことは決定、だとしたら、ロリータを続けながらの恋愛・結婚ってどうなんだろう？　できれば35歳までには結婚したい。その前に2年くらいは交際したい。となると、逆算すれば、そろそろ出会っていなければならない時期なのです、運命の人と。でも、出会いがない。モデルとして活動するロリータ界は、ほぼほぼ女性の園。ロリータを扱うメゾンのスタッフやイベント運営スタッフも女性ばかりです。看護師だって女性率激高で、同僚に男性が少ない。患者さんとの出会い？　私が今、訪問看護師として働く先の患者さんは、シニアかお子さんが中心。つまり、いないのです、私の活動範囲内に、恋に落ちそうな異性が。だからこそ、シングルのまま30代を迎えたともいえますが……。

これはマズい。どうしたら「出会い→交際→結婚」まで、あと3年でたどり着けるのか。悩んだ末に、最初の「出会い」をお膳立てしてもらうことにしました。マッチングアプリに登録してみたのです。同じようなアラサーの友達が何人か、マッチングアプリを使って本気で婚活していたので、私も思いきって身を投じてみる気になりました。

先輩である彼女たちのアドバイスで、プロフィールにロリータを全面的に打ち出すのは思い留まりました。ロリータの身としては悔しいけれど、それをアピールした時点で男性から避けられる可能性がある、と助言されて。それで「ロリータファッションが好きです」くらいに留め、写真もロリータ感を抑えめにしました（ヘアアクセをひかえめにしたバストアップ写真なら、そうそうわかりません）。そうしてアプローチのあった方とつつがなくやりとりを重ね、いよいよ実際に会うことになり、待ち合わせ場所へと向かったのです、いつもの全身ロリータで。

……ドン引きされました。ガッツリ態度に出されました。

「オレ、そういう趣味じゃないんだよね」

あなたの趣味のために着ているわけじゃないんですけど……。

「少し後ろ歩いてくれる？　ちょっと、一緒には歩けないわ」

隣を歩くのも許せないほどはずかしいですか、私？

結果はもちろんこれきり、惨敗です。数人と会って、反応はだいたい同じ。私は悟りました。というか、再認識しました。――やっぱりロリータは、異性ウケが悪い！

ロリータ、婚活を超える

次に、プロフィールから「ロリータ」を消し、代わりに「ナース」を投入しました。私のもうひとつの顔である看護師は、異性からはどう評価されるのか？

結果は笑っちゃうほどあからさまでした。男性からのアプローチが一気に増えたのです。ナースって社会的信用だけでなく、男性からの好感度も高いのですね。

やりとりも盛り上がり、今度こそ！と思って待ち合わせ場所へ向かう私の姿は、もちろんロリータ。すると……以下略。私を頭からつま先まで眺めて「うわっ」という表情をし、なんとかカフェに移動できたとしても、誰も彼も同じことを聞いてくるのです。

「こりん星から来たの？」

千葉県船橋市から来ました。

「毎日マカロン食べてるの?」

食べていません。むしろ和菓子派です。

「そういう格好が好きなんでちゅか?」

???

こんな感じです。結果はやはり、推して知るべし。最終的に、マッチングアプリで十数人と出会ったでしょうか。結局、恋愛関係に発展した人はひとりもいませんでした。彼らが望むことはみな同じ。

「ロリータ、やめたら?」

それ、私にとっては死刑宣告のようなものです。

会う前は普通に会話のやりとりができていても、実際に私を見た途端、高圧的になる男性は多かった。「32歳、ロリータ」って、最低限の礼儀すら不要!とばかりに邪険にしていい属性なんでしょうか? 恋愛関係になるかもしれない相手に初対面で赤ちゃん言葉で話しかけるなんて、しないでしょう〝普通〟は。

そもそもロリータの私も、ナースの私も、どちらも私。どちらも同じ「青木美沙子」というひとりの人間です。なのに、ナースの私には飛びついても、ロリータの私には、まるでそのへんに落ちている小石みたいな扱いを平気でする。ロリータへの偏見の根深さを思い知りました。私はこの偏見を減らしたくて活動してきたのに。会った瞬間に豹変する男性の態度にも、ロリータへの偏見をぬぐい去れない自分の力不足にも、ダブルでショック……。

すっかり疲れはてました。このまま〝私のまま〟で婚活しようとしたら、きっと毎回ひどく傷つく。いちばん大好きなファッションを着ているだけなのに、ロリータを広めるために一生懸命活動してきたのに、こんなにも自分を否定されて、なんのために生きているんだろう？　とすら思ってしまいました。じゃあ、婚活のために己を捨てて、ロリータを封印する……？

その瞬間、答えは出ました。

ロリータを封印なんて、絶対にしない！

私にとってロリータは、出会ったその日から私を夢中にさせ続ける、唯一の魔法。幸いにも私は、そのロリータを生業《なりわい》とすることができています。その喜びを捨てるくらいなら、私が私でいられなくなるなら、たとえ恋愛や結婚ができたとしても、ちっとも幸せじゃない。私の芯にあるものを捨ててまでつかむほどの価値を、私は恋愛や結婚に感じられないんだ。

そう気づいて、私は婚活を卒業しました。あとになって思うと、私自身が年齢の呪縛にかかっていたのです。25歳を過ぎたらおばさん、30歳になったら焦らなきゃヤバい、35歳までには結婚して子供を産まなきゃマズい……女性の人生って、わりと5歳刻みで〝人並み〟というプレッシャーをかけられる連続のような気がします。ロリータファッションは25歳まで、二の腕を出すのは30歳まで、35歳までに家庭を築いて、40歳までに……ってこのレール、いつまでどこまで続くのでしょう。「結婚したいなら●●しろ。●●をやめろ」という条件を当たり前のように社会から突きつけられて、それに従えば〝正しい生き方〟なのでしょうか。

そこから外れたら、世間に対して気おくれや劣等感を抱かなきゃいけないの？

いちばん大切なものは何かと考えたとき、私はそこからイチ抜けすることにしました。婚活を終えて数年がたちますが、後悔はゼロ。結婚へのあこがれは、今もないわけではありません。でも、結婚を最終目標にしてしまうと、お相手によっては自分の軸がブレてしまいかねない。自分を否定してまで結婚を最上位に置きたくないのです。私はロリータな自分を、ロリータとともに生きる自分を肯定して生きていきたい！

そしてそれは、結婚を選ぶ人たちだって同じはずです。結婚して子供を産み育てていく人の人生も、同じように大事に考えたい。さらにいえば、恋愛にあまり興味がなく、仕事や趣味に恋している人の生き方だって。つまりは恋愛しようがしまいが、結婚しようがしまいが、どの道を選んでも、自分らしくあることを肯定して生きていける。それが幸せな社会ということなんじゃないでしょうか。40歳を前にして、その思いはますます強くなる一方なのです。

この婚活体験については、のちに取材でお話しすると大きな反響があり、一部からは「あなた個人がモテないだけでしょ？」「ロリータを言いわけにしないで」といった批判もいただきました。でも、私のパーソナリティに迫るほど親しくない、なんなら初対面で、ロリータとわかった瞬間に露骨に態度を変える男性は大勢います。同じ経験をしたロリータちゃんたちからも話を聞きます。それって、ロリータが男性目線で偏見をもたれているということだし、そういう無理解をどうにかして減らしていきたい。今も変わらずそう思っています。

一か八かの賭け

婚活を卒業した私は、それまで以上にロリータモデルという仕事について考えるようになりました。ロリータをめぐる世間のイメージがとてもネガティブだということは、折に触れて感じてはいたけれど、この婚活を通してあらためて思い知らされました。じゃあ、どうしたらロリータのイメージアップができる？ これまでだってもちろん、そのつもりで長年活動してきました。ロリータ界における「青木美沙子」の認知度は、ほぼ100％でしょう。でも、結果が追いついていない。ということは、もっと違うやり方が必要ってこと？

「青木美沙子」を商品として見たとき、もっと価値を上げるには活動の場を広げなければ、という危機感を覚えました。ロリータモデル代表といっていい（と思う）私自身をブラッシュアップしていかなければ、ロリータの存在感を増すことは難しいのでは？

広くマスメディアに露出して、私のことを発信したい――そんな考えに行き着いたのはこのときです。ロリータとは対照的に、ナースは社会的な信用があって印象もいい。だったら、そのふたつを生業にしている私の生き方が全国に配信されることで、ロリータを偏見なしに見てもらえるかもしれない。それがロリータの地位向上につながるかもしれない！……そんな希望がわいてきました。

芸能事務所に入ろう！　そう思い、思いついたらすぐ行動に移すのが、私のやり方。さっそく公式サイトにアクセスしてプロフィールを送り、何度かのやりとりを経て、無事に今の事務所に所属することができました。ロリータに関わる仕事は私がいちばん熟知しているので、その90％は、スケジュール管理から自分自身で行います。残り10％をお手伝いいただく「業務提携」というかたち、その柔軟な契約に、芸能界にも働き方改革が起こっていることを感じたのでした。

すると、ここから運命の歯車がまわり始めます。1カ月もたたないうちに、テレビ番組出演のオファーが届きました。話題の女性をドキュメンタリー形式で紹介する「7 RULES（セブンルール）」からでした。すぐに打ち合わせに参加すると、海外取材を含め、1カ月半も密着して撮影されることがわかりました。それも、さっそく明日から。それだけでもびっくりなのに、さらに特大のサプライズが待っていたのです。

「年齢を公表してください」

番組から突きつけられたオーダー。私にとっては「過酷」のひと言でした……。

当時、ロリータをめぐる空気はほんっっっっっとうに悪くて、趣味で楽しんでいるロリータちゃんへの視線も冷たいのに、ましてや職業・ロリータモデルの私には「25歳過ぎたおばさんのくせにロリータとかw」なんて、とにかく厳しい言葉が投げつけられていました。「25歳以上はおばさん」と普通に言われるほど女性の年齢にシビアな世の中で、少女性の強いロリータファッションは特に目立つのかもしれない、けれど私、何か悪いことしている？　つねに葛藤がありました。20代後半からずっと。

だからそれまで「年齢非公表」で通してきました。Wikipediaの「青木美沙子」のページに生年月日が記載されたら、わざわざ自分で消しにいっていたくらい……（笑）。ロリータの地位を上げたいと願っていたのは本当なのに、自分のなかでも「25歳を過ぎてロリータモデル」というアイデンティティに、劣等感を抱くようになっていたのです、いつの間にか。

そんな私が、実年齢を公表する……?

迷いに迷いました。承諾して年齢をオープンにして番組に出演するか、断って年齢非公表を貫き通すか。

迷ったあげく……私は前者を選びました。私はロリータをもっと広めるために、本当の姿を知ってもらうために、メディアでその生き方を取り上げてほしい。その願いが今かなおうとしているのに、ここで断る選択肢などないはず!

それは大きな決断でした。私が「34歳、ロリータ」としてお茶の間に登場することで、もしかしたら、私の願いとは逆に「ロリータって変わった人なのね」と思われてしまう可能性もあるのですから。これは、賭け。どちらに転ぶか五分五分の、一か八かに賭けることにしたのです。

年齢を公表したら、人生が変わった

テレビの撮影って、たくさんのスタッフに囲まれて行うイメージがありましたが、ふたをあければ、私とプロデューサー兼カメラマンの1対1。全スケジュールを提出して1カ月半、とにかくずうっと一緒でした。正直、ストレスでした……(笑)。なにしろ当時はまだ、カメラを向けられ続けるというテレビ取材に慣れていないころです。緊張で自律神経が乱れ、眠れなくなるほどでした。

撮影中も不安しかありません。はたして30分の番組を成立させられるほど、私におもしろい要素があるだろうか、印象的なことが起こるだろうか。「34歳、ロリータ」の姿を全国へさらすことへの不安はもちろん、これまで話したことのない恋愛観を吐き出すことでファンからも嫌われてしまうかも、という恐怖さえ感じていました。オファーを受けたことを後悔しました。

ただ、自分のロリータ人生には後悔がありません。ロリータへの思いは誰にも負けない、という自信だけはずっとあります。だから、私という人間を通してロリータを知ってもらうきっかけになれば……どんな批判を受けようとかまわない、私が先頭に立って受け止めよう！　そう気力を奮い立たせ、気持ちを切り替え、放送の日を待つことにしたのです。

運命の30分間が過ぎたとき、気づけば涙を流している自分がいました。私のロリータ人生、思いのすべてが詰まった映像に仕上がっていました。メディアでは、ともすればキワモノとして扱われがちなロリータですが、ひとりの女性として、ロリータを生きてきたその人生をフィーチャーしてくれたことに、感極まってしまったのです。

反響も予想以上でした。放送前に抱いていた不安はなんだったのかというくらい、たくさんの方々から共感の声が寄せられました。

「歳をとることは怖くないと思えた」
「世間にとらわれず、好きなことを貫き通す姿に勇気をもらえた」
「大人になってもぬいぐるみが大好きなことを隠していたけど、そのままでいいんだ」
「好きなものを好きと堂々と言える世の中になってほしい」

ロリータからもそうでない方からも、30〜40代の女性を中心に、非常に多くのメッセージが寄せられました。そのひとつひとつを抱きしめたかった。ロリータの本当の姿を広めたいと思って出演したけれど、ちゃんと〝芯〟の部分が伝わっていた、それが震えるくらいにうれしかったのです。

そして、私はもうひとつのことに気づきました。ずっとコンプレックスに感じていた年齢を表に出すことで、たくさんの方々の心を動かすことができたのです。私みたいに〝年齢の呪縛〟にかかって苦しんでいる人たちが、世の中にはいる。

私が弱みだと思っていることでも、発信することで誰かを勇気づけ、価値をもたせられるのかもしれない。だったら積極的に伝えていこう。放送前とは180度、考え方が変わってしまいました。

変わったのは、私を取り巻く状況も、です。放送後、さまざまなメディアから取材依頼が殺到しました。それまでの私の主戦場は、ロリータ専門誌、それが廃刊になってからは、ロリータを扱うお店のサイトや自分のブログ、SNSでした。それが、全国新聞に男性週刊誌、ネットニュースメディア、生花店のウェブコラム、看護師の求人サイトなど、規模も読者層もさまざまなメディアから、私の話を聞きたいとオファーが届いたのです。〝普通〟の人生ではないけれど。〝世間一般〟からはみ出してはいるけれど。きっと、そういう世の中の圧力や呪縛から抜け出したいと思っている人はたくさんいて、私の人生に、何か引っかかるものを感じてくれたのかもしれません。取材されてできた記事はというと――

●30代でもロリータを貫く生き方

●ロリータと看護師の二足のわらじをはく働き方
●ロリータがマッチングアプリで婚活したら
●コロナ禍で実感したデュアルジョブの魅力
●父と私

などなど。ひと言でいえば「女性の生き方」(たまに父との取材が入ったりしていますが……)。それが恋愛だったり仕事だったり、メディアのスタンスや記者の方の視点によって、さまざまな〝私〟が描き出されます。そうして「国際女性デー」のイベントに招かれたり、ニュース番組にコメンテーターとして呼ばれたり。念願のメディア露出がかなってありがたいなあと思う一方で、まるで「鋼《はがね》の女」のような、強い女性としてとらえられることには戸惑うことも……(笑)。だって私は「好きなこと(ロリータ)を貫きたい」と思って生きてはいるけれど、けっして強い人間ではないから。それに「女性は強くあるべき。みんな、強くなろう!」なんてことも思ってはいないのです。ただただ「自分の人生の主役は自分で、誰になんと言われようと楽しんだ者勝ち！」ということだけ。

どうも「女性も働いて自立しよう」「常識にとらわれずに生きよう」「多様性を尊重しよう」といった世の流れがあって、そこに私がすっぽりハマるように見えるみたい。「はみ出す力」もよく使われるフレーズです……（笑）。私自身の生き方は変わっていないけれど、評価されるようになった。世の中の流れに私の生き方がマッチするときがきた、のでしょうか。ちょっと不思議な気もします。

自分だけの武器を探して

25歳を過ぎたんだからロリータなんてやめるべき。看護師がロリータ服なんか着ちゃいけない。35歳までに結婚して子供を産まなきゃ。だって、それが常識でしょ？

——もう、うんざりするほど聞かされてきた「●●だから△△でないとダメ」という公式。息苦しいです。まるで見えない殻に閉じ込められているみたい。一度きりの人生なのに、殻に閉じこもって、好きなことに背を向けて生きていくのは悲しすぎます。他人に迷惑をかけるでもなく、自分の好きなように生きていく。それだけのことがとても難しいし、堂々と口にしにくい世の中でもあって。女性が「夢を貫く」と言うと「周囲のことも気にせず、自分勝手だね」と、また違った評価を受けたりもします。

もっと自由でいいと思うのです。自分の軸を「世間」のような他人に明け渡さないこと。自分の芯をもって判断すること。すごくシンプルだけれど、それを貫き通すことが自由なんだと思う。そのためには、いちばん好きなものが何か、もっとも大切なことは何かを探して見つけるのが近道で、私にとっては、そのどちらともがロリータでした。

ロリータがいちばん好きで、もっとも大切。それを芯に置いておければ、世間がどうだという表面的なことに、あまり心動かされずにすみます（ちょっとは動揺します、人間ですもの）。20代半ばでロリータブームのシンボルになったときも、ロリータが冷たい視線にさらされたときも、コロナ禍で多くの予定が飛んでしまったときも、熱狂からも絶望からも距離をおいて深呼吸できる。「いつまでロリータ服を着るの？」（1万回目）なんて聞かれても、すぐに「ファッションを年齢でしばりつけるルール、いらなくない？」と思える。

別にロリータでなくてもいいのです。心を動かされて、幸せに感じられる何か。それを探して見つけられたら、ずっと大切に抱えていく。それこそが、自分を最高に輝かせてくれる〝武器〟になるはず。私にとってロリータファッションが〝戦闘服〟であるように。世界はこれからも、いろいろなことを突きつけてくるでしょう。でも、自分だけの武器さえあれば、それなりに渡っていけると思うのです。きっと。

第6章

私はロリータでナース

私は「ピノコ」になりたい

「看護師になりたい」と最初に思ったのは、小学校高学年のころ。

母が水泳のインストラクターをしていたので、幼いうちから身近に〝働く女性〟のモデルがはっきりとあったのです。だから「私も大人になったら働くんだ」と自然に思うようになりました。ただ、私自身は水泳を習っても特別うまくなるわけではなく、勉強ができるわけでもない。働くにしても「手に職をつける」、何か資格をとってそれを生かせる仕事がいいんじゃないか、と思っていました。

当時「ナースのお仕事」や「ER緊急救命室」といった医療ドラマが大人気で、テレビっ子だった私は、毎週かじりつくようにして見ていました。医療を通じて人々を救う姿のカッコよさといったら！　私もこんな大人になりたいな。看護師という仕事にあこがれが芽生えたきっかけでした。そうして出会ったのが、医療漫画ということで手に取った『ブラック・ジャック』の「ピノコ」。見た目は幼い女の子なのに、主人公の医師、ブラック・ジャックを看護師として支える姿に夢中になりました。あまりにコミックスを読み込むものだから、とうとうページが擦り切れてしまって。かわいいだけでなく、仕事もできる。テレビや漫画のヒーローのおかげで「私の行く末はナースだ！」と早くから目標が定まったのです。

そんなわけで、中学を卒業したあとは看護科のある高校へと進みました。当時は「高校で3年間学んで准看護師の資格をとる→短大の看護科などを卒業して国家試験に合格＝20歳で正看護師になる」というのが最短ルート。目指した道はそれです。というと、目標に向かってまっしぐら！みたいに聞こえるかもしれませんが、本音をいえば、迷いました……看護科へ進学したら、その後はよほどのことがない限り、正看護師へ向かってひたすらに突き進むことになります。15歳で人生を決めてしまうような、大きな決断をすることが怖くないわけありません。

けれどそれ以上に、ドラマや漫画で夢見た看護師に自分もなれるというワクワク感のほうが、はるかに大きかったのです。

中学時代は部活動や受験準備に明け暮れていたけれど、晴れて進学してからは、青春を取り戻す！くらいの勢いで毎日を謳歌しました。授業や実習の合間を縫ってファストフード店で初めてのアルバイトをしたり、おしゃれに興味がわいて原宿デビューしたり。週末のたびに電車に揺られて船橋からあこがれの原宿へ、友達と一緒に繰り出しました。そうしてティーン雑誌のスカウトの目に留まり、読者モデルとしてデビューすることになります。

ロリータorナース？心揺れた短大時代

平日は高校へ通い、週末はモデル撮影。めまぐるしい生活が始まりました。とにかく忙しかったけれど、とことん充実していました。今だからいうと、私にとって読者モデルとしての活動は、趣味の延長でした。ただただ「かわいいロリータのお洋服を着られる！」という喜びに満ちていて、それだけでよかったのです。

ひたすら楽しかった〝看護学生兼ロリータ〟時代に迷いが生じたのは、短大の看護学科へ進んでからのこと。進学した先は、髪の色やネイル、服装などが校則で厳しく規制されていました。これがつらかった。いちばんおしゃれを楽しみたい年ごろで、けれど、大好きなファッションで登校すると注意の連続。私にはかわいくてたまらないボンネットやリボンも「ここは学校ですよ！」と毎回叱られました。学校だからこそ、私にとって戦闘服であるロリータアイテムを身につけて向き合いたかっただけなのに。医療の勉強会で最前列に座っていたら、講師からビンタされたこともあります。頭につけていたミニハットが、講師には〝不まじめ〟に映ったようなのです。そのうち、だんだんと毎日をキツく感じるようになりました。キラキラと楽しい撮影現場と、大好きなロリータを否定されながら国家試験の勉強に追われる学校生活。このギャップが大きすぎて……。

周囲のモデル仲間は、アパレルブランドのカリスマ店員だったり、ファッション系の学生だったりして、看護師を目指す私は異色の存在でした。このまま看護師を目指していいのか、モデル活動に絞ってファッション系の学校へ進む道もあるんじゃないか、などと迷い始めたのです。専業モデルとしてのお誘いもありました。でも、それだけでやっていけるほど甘い世界ではないし……悶々《もんもん》と悩む日々。このころが人生でいちばん悩んだ時期かもしれません。

ぐちゃぐちゃに思い悩んだ末、とにかくこの泥沼から脱出しなければ！と気力を奮い立たせました。いつまでもこんな苦しい状況につかっているなんてごめんです。まずは原点に立ち戻って考えよう。私はどうしたいの？ ↓「子供のころからのあこがれ、看護師になりたい」「大好きなロリータを思いきり楽しみたい」。いろいろな雑念を取り払うと、シンプルにこのふたつの願いが残りました。

そうしたら次は、現実的な視点で見てみる。好きなことを続けていくには、経済的に自立することが絶対に必要です。残念ながら読者モデルは、それだけで生計を立てられる世界ではありません。だから、モデルたちも学生時代の趣味の延長という意識が強かったし、必然的にほかに本業を探そうとしていました。それでもなかなか就職には苦労していたようです。それらを見聞きして考えました。若く体力のあるうちに国家資格をとり、しっかり働きつつ好きなことを楽しむのが私にとってはベスト。やっぱりこのまま学校へ通って、正看護師になる！

数年前、YouTubeの「好きなことで、生きていく」というキャッチコピーが流行りました。それって現実的にはなかなか難しいし、必ずしも好きなことで生計を立てなければならない、なんてこともない気がします。自立できる方法と、好きなこと。両方を別々にもっていたっていい。むしろ、両方あることで生活の安定と潤い、どちらも手に入れられるのかも。よし、泥沼から脱出！

結論が出てからは、迷いなく正看護師への道を突き進むことができました。その後の短大生活は、勉強と実習とモデル活動で手いっぱい。大学生活につきもののサークル活動もしなかったし、友達と遊ぶ余裕なんてそうそうありませんでした。けれど、がんばった甲斐あって、20歳で無事に国家試験を通り、正看護師の資格を得ることができました。原宿からほど近い大学病院に配属が決まると、夢に見た看護師の一歩を踏み出したのです。

大学病院のナースは超過酷

大学病院で働いた5年間は、これまでの人生でいちばん体力的にキツかったかも……。看護師は資格をとっただけでは意味がなく、実務を積まなければ、医療スキルも緊急対応も身につきません。そのため最低3年間は修業するつもりで大学病院を選んだものの、これが超ハードな職場だったのです。生死のかかった現場で張り詰めた緊張のなか、ひたすら患者さんの処置に走る毎日。そこにロリータモデルの仕事が加わります。朝まで夜勤をこなして帰宅し、髪を金色にカラーリングしてそのまま雑誌の撮影へ急行、なんてことも普通にありました。ひとえに若かったから乗りきれた、としかいえません、今思うと。

でも、だったらモデルをやめよう、とはなりませんでした。むしろカメラの前でスポットライトを浴びる、この看護師とはまったく違う仕事が、心のバランスをとるのに最高に作用してくれました。ドクターとカメラマン、病棟と撮影スタジオ、両方を行き来できるのが楽しくて仕方なかったのです。

ただ、周囲の反応は温かいものばかりではありませんでした。「ひとつのことを極めるのがえらい」という風潮があったから「なぜ看護師に専念しないの?」「どうして看護師になってまでモデルを続けるの?」と問われたことは何度もあります。通勤中の私を見た先輩から「そんなチャラチャラした格好をするからミスするんじゃないの?」とまで言われたことも。仕事中はもちろんナース服を着るけれど、それ以外では何を着たっていいはず。内心そう思いつつも、病院という職場は言葉の強い人が多いとわかっていたので、無難な受け答えをするようにしていました。私にはここと違うもうひとつの世界がある、と考えたら、理解はしてもらえる人にしてもらえればいい、と思えたのです。同期など応援してくれる人たちもいましたし、ささやかな自己主張として、聴診器をピンクにしたり、キティちゃんのボールペンを使ったり。そうやって気持ちを切り替えました。

それでもつらかったのは、肌荒れと目の下のクマ。加えて、1日に何度も消毒液にさらすので手も荒れます。夜勤明けにすぐ熟睡できるタイプではなかったので、睡眠サイクルが乱れて肌に如実に表れました。それに職務のプレッシャーがすごく、ストレスもあったのかも。22～23歳でリーダーポジションに就いて、やりがいと同じくらい、その責任の重さに押しつぶされそうでした。前にもお話ししましたが、夜勤は特にハード。手術や夜勤明けの看護師たちって、焼肉だのジャンクフードだの、重いものを食べる人がけっこういるのです。私も脂っこいハンバーガーが大好きでした。あれって、厳しい仕事とプライベートとを切り替えるための儀式なのかもしれない。大学病院で働いた5年間は、看護師としての医療スキルはもちろん、体力的にも精神的にも私をそうとう鍛えてくれました。

趣味と仕事は両方あってこそ

看護師って、趣味に力を入れている人が多いのです。「推し活」につぎ込む人もいれば、1年の半分を看護師として働き、残りは旅している人も。そして、ロリータをしている人もかなりいます。私もそのひとり。

なぜだろう?と考えて、気づきました。看護師は、趣味を思いきり楽しむのにもってこいの職業なのです。だって、

●国家資格をもっているので、一生食いっぱぐれない

全国各地でつねに求人が出ている状況ですし、それは、少子高齢化社会が進む今後も変わらないでしょう。

●フレキシブルな働き方ができる

契約次第で、非常勤で働いたり長期間の休暇をとったりと、時間的に融通がきく。高給を目指して夜勤専門で働く人もいます。

●健康管理に役立つ知識が得られる

体調を崩したときなど、自分で適切な処置をとれる。特に海外にいるときに自分で体調管理できるのは、モデルの仕事にも大きなプラスになりました。

●給料が高い←これはかなりポイント！

特に夜勤のある職場なら、若いうちから平均以上の収入を得ることもできます。私は夜勤のおかげで、ロリータファッションを全力買いできました。

つまり〝時間とお金に融通がきく〟ポイントがそろっているのです。結果論になるけれど、私がロリータモデルとの二足のわらじをはけたのは、看護師だったからこそかもしれません。看護師という職業は、厳しい実習を受けて国家試験に合格し、実務を積んで、険しい道のりを乗り越えなければたどり着けない、けれど、そのぶんの努力が報われる仕事なんじゃないかな。

社会人になって、もうすぐ20年。変わらずずっと思っているのは「自分で稼ぐ」のがものすごく大事だということ。何度もお話しした〝自分らしく、自由に生きる〟ことは、けっしてきれいごとではなく、経済的な自立とセットだと思うのです。どれだけ夢見たって、現実はごはんを食べなきゃ生きていけない。そのうえ、趣味を誰はばかることなく思いきり楽しむには、プラスαでお金がかかります。

そういう経済的な裁量を他人にゆだねてしまうと、何かの事情でそれがなくなったときに詰んでしまうかもしれない。20歳そこそこで激務にもまれたから、着実にスキルを身につけて、早くから自分で稼ぐ方法を得ることができました。自分で自分の面倒を見られると思えたことが、人生のターニングポイントで毎度、選択肢を増やしてくれた気がします。私が今〝自由〟なのはきっと、二足のわらじをはき続けてきたことが根底にあるのです。

ロリータナースは今日も行く！

25歳で大学病院をやめて、次に選んだのは訪問看護。患者さんのお宅へうかがって、医療処置やリハビリ、食事や入浴のサポートなどをする仕事です。カワイイ大使の仕事でちょくちょく海外へ渡らなければならないなか、月1回からでも働けるフレキシブルさが魅力でした。でも、それ以上に魅力的なのは、患者さんひとりひとりに向き合った看護ができること。大学病院の場合、どうしても治療する側のペースで決まる部分も大きいし、現場対応でいっぱいいっぱいでした。けれど訪問看護なら、患者さん本位でニーズに合わせたケアができる。それって、私の考える〝看護師としての理想のかたち〟なのです。

だいたい1日7〜10軒をまわり、患者さんごとに1時間ほどのケアを施します。入浴介助なんて汗だくになるし、肉体的にはかなりハード。でも、その方に合ったていねいな看護ができるから、やりがいもものすごく大きいし、厳しい経験を積んだからこそ、ひとりですべてを判断して処置できるのです。これまで積み上げたものを生かして輝ける、こんなにうれしいことはありません。

訪問先ではいろいろな方、さまざまな家庭に会えて、いつもフレッシュな気持ちを味わっています。私よりも年上の方が多いので、お話しするうちに視野も広がった気がします。私がロリータモデルだと知っていて「この前、大阪へ行ってたね」なんて、SNSをまめにチェックしてくれる患者さんもいて。YouTubeのチャンネル登録までしてくれたり。仕事中に心がけているのは、大学病院時代に先輩から教わった、患者さんに安心感を抱いてもらえるよう「笑顔で目を見て話す」こと。あと、さりげなくベテラン風を吹かす……（笑）。訪問看護歴15年のベテランではあるのですが、童顔だからか「新人かな？」と不安に思われることもあるので。ロリータモデルのときはプラスに働くことが、看護師のときにはそうでもないのは、皮肉だけれどおもしろくもあります。

看護師とモデルって、一見まったくの畑違いに見えますよね。一方は地道に人を助け、もう一方は光を浴びる仕事のように。でも、どちらにも共通するものがあります。それは〝ホスピタリティ〟。自分のすることで誰かを笑顔にしたい、幸せな気持ちになってほしい、そう思える心があるからこそ、できることがあると思うのです。そうして人を元気づけられる、プライドをもって輝ける仕事が、

ふたつの仕事が人生を救う

看護師とロリータモデル。どちらもたまらない魅力に満ちあふれています。

コロナ禍で日本じゅうが重苦しい空気に覆われたころ、ロリータモデルとしての仕事は激減しました。渡航ができなくなり、それまで私の活動でかなりの割合を占めていた、海外での仕事がほとんど飛んでしまったのです。国内のメゾンも先行きが見えないなか、新作をどんどん発表する機運はありません。もしかしたら、モデルの仕事は復活しないかもしれないな……当時はそこまで覚悟しました。

不安に押しつぶされそうな状況で、心に1本、太い芯となって支えてくれたのが看護師の仕事でした。コロナ対応で人手不足に陥った医療業界で、独り身の私は身軽に動ける重宝な人材。モデルとしては働けなくても、看護師として社会貢献できる。このころは看護師9：モデル1の割合で働いていました。結果的にコロナ禍での需要が真逆の仕事同士だったのが不幸中の幸いというか、片方がダメでももうひとつの道を行けたことで、ずいぶんと気持ちが落ち着きました。ふたつの仕事をもっていてよかった！　これまで何度思ったかわかりません。大学病院をやめた直後に収入がガクンと減ったときも、こうしてコロナ禍で大きく世情が変わったときも。まったく違うジャンルで働く場をふたつもっていたから、精神的にも経済的にも乗り越えられたし、お金を理由に選択肢がせばまるのも避けられました。メゾンが再び新作を発表し始めたり、インスタライブでのお披露目会やお茶会を開催したりと、再び状況が変わるまでの一時期を、着実にしのぐことができたのです。

私が看護学生だったころは「看護師が兼業するなんてとんでもない！」「モデルと兼業なんて、どちらも片手間にやるつもり？」なんて冷たい空気があったけれど、もうそんな時代ではありません。ひとつの仕事を極めることは立派、だけれど、せっかく副業の自由度も増し、フリーランスでも活躍しやすい時代なのだから、いろいろな可能性を頭から否定しないほうがいいと思うのです。少なくとも私は、出会いも視野も広がったし、ひとつがダメになっても残るひとつをがんばることで生活を崩さずにすんだし、なにより「自由」が増したと思います。もっと柔軟に考えていいんじゃないのかな。

コロナ禍で医療従事者の過酷な状況が知られるようになり、私のもとにも看護学生から「このまま看護師を目指していいのか迷っています」という相談が寄せられました。私は「看護師の資格をとれば、そこから先はさまざまな働き方ができる＝可能性が広がる。だから、今はつらいと思ってもがんばってほしい」と答えました。好きなことを「好き」と誰はばかることなく言い続けるためにも、自分の基盤をしっかりつくることが大切なのではないでしょうか。それがきっと、長い人生で「自由」をつかむために必要なことだと思うから。

ロリータナースのとある1週間

月曜日

コラボアイテムの打ち合わせ

さまざまなブランドさんとのコラボ案件の打ち合わせは、丸1日かけて行うことがほとんど。頭をめちゃくちゃ使うので、ちょっと煮詰まったときには必ずチョコレートを食べています。なかでもキットカットが大好き!「キットカット」は〝きっと勝つ〟のゲンかつぎで受験シーズンは特に人気ですが、私はつねに〝自分の弱さに勝つ〟という意味で持ち歩いています。私にとっての〝やる気スイッチ〟的なものですね。

火曜日

ロリータブランドの新作撮影

ありがたいことに、さまざまなロリータブランドのモデルをやらせていただいています。お客さまに近い存在だからこそ、そのみんなが着た姿を想像しやすいことを心がけて。ロリータモデルとして担当したブランドは、およそ20年で10社以上。気に入った服や小物は買い取ることも多く、プライベートで着用した姿をSNSにアップして、洋服の新たなかわいさや、日常で着るとこうなるよ、というイメージを伝えるようにしています。

水曜日

訪問看護

朝8時半が申し送り（引き継ぎ）の時間なので、必然的に早起きになります。患者さんの体調急変などイレギュラーなこともあり、お昼を食べられないケースもなくはないので、朝ごはん（卵かけごはんです！）をしっかり食べて出かけます。最近はロリータの仕事が忙しく、ナースの仕事を入れられるのは月1回くらいですが、その翌日は必ず全身筋肉痛に……。体力勝負だなあ、と感じる瞬間ですが、同じくらいやりがいを感じます。

木曜日

メディア取材＆ロリータブランドの新作撮影

午前中は各種メディアのインタビュー取材。「ナース兼ロリータの働き方」「年相応のファッション」といった生き方系の内容から、看護師専門誌、さらに最近は、メディカルウェアのPRのお手伝いもしています。午後からはロリータブランドの新作撮影へ。読モ時代から自分でヘアメイクをすることが多かったので、ヘアアイロン（ヴィダルサスーンのカール25㎜）は必ず持ち歩いています。→これがいちばん使いやすくて、10年以上愛用中！

金曜日

アフタヌーンティー＆インスタライブゲスト出演

ロリータ以外の趣味は、アフタヌーンティー。最近は「ヌン活」という言葉が流行語になるほどですが、ロリータ界では昔から「お茶会」として定番のイベントでした。インスタで情報を調べて、月に5回は必ず出かけます。この日はそのあと、ロリータブランドのインスタライブにゲスト出演。ロリータブランドは、店舗を持たず通販のみというケースも多いので、インスタライブでの新作紹介は、とても大切な販売ツールなのです。台本がないなかで1時間しゃべり続けるのは、これも大好きじゃないとできない仕事ですね。

土曜日

美沙子主催のお茶会イベント

お茶会イベントは、ロリータちゃんたちとの交流の場。たいていは〝無敵アイテム〟のボンネットをかぶり、パニエをたくさん重ね、気合いを入れて出かけます。ロリータ界を牽引するひとりとして、みんながロリータ服を着られる機会、ロリータ仲間と出会える場所をつくりたいので、今後は地方でもたくさん企画できたらいいな。そして、夜はインスタライブ。金曜・土曜の夜は休日前でゆっくりされている方が多いため、視聴者数も増えるのです。コラボ商品の発売日前後とともに、インスタライブ繁忙期です（笑）

日曜日

YouTubeの撮影・編集&事務作業

イベントが入っていない日曜日は、自宅でYouTubeの撮影をしています。視聴者の90%が女子のチャンネルで、バッグの中身、購入品、メイク紹介の動画が人気。企画・撮影・出演・編集すべてをひとりでやっているので、テロップなどは手を抜いてしまいがち……（笑）ですが、日々ロリータの最新情報をお届け中です。そして、取材の原稿チェックや請求書作成などの事務作業を、あいた時間にこなします。とはいえパソコンは持っていないので、事務作業からYouTube編集まで、すべての仕事はスマホ1台で。スタバでパソコンを広げて〝コーヒー片手にデキる女〟を演出したいところですが、私は〝ロリータがスマホゲームでもしていそうな雰囲気〟で、請求書を絶賛作成しているのです。

おわりに

生涯ロリータ＆ナース宣言

出口の見えないトンネルのような数年間を経て、ようやくコロナ禍も山場を越えつつあるようです。一時は行き場を失ったようなやるせなさに陥ったロリータ界も、息を吹き返しました。メゾンからは次々に新作がお披露目され、企業コラボの依頼は引きも切らず、春からは念願の海外での仕事もできるようになり、モデルとしての活動はコロナ禍前よりも忙しいくらい。めまぐるしい日々のなか、40歳の節目を迎えようとしています。

34歳のときに「7RULES」で年齢を公表してから、もうすぐ6年。私を取り巻く環境は大きく変わりました。世間に求められるまま、社会的なトピックをお話しする機会も増えました。でも、私のなかの基本的なところは何も変わっていません。大好きなロリータと看護師を、何歳になっても続けていきたい。ただそれだけ。

ファッションモデルは自分がやりたいからやれるわけではなく、オファーされて初めて成立する仕事です。ありがたいことにデビューしてから二十数年、オファーをいただき続けることができたから、今日までロリータモデルでいられました。けれど、それがこの先いつまで続くかはわからない。それでもSNSで積極的に発信するとか、自分のモデルとしての価値を高め続ける努力をして、ロリータモデルとしてやっていくこともできる、というところを示したいと思っています。40歳を過ぎたからシニアモデルに移行しなければならない、なんてこともないですし（笑）、気負うことなく。

そしてもしこの先、モデルとして第一線を退くことになっても、一生ロリータの仕事には関わっていきたいのです。コロナ禍でおでかけ先の少なくなってしまったロリータちゃんたちが集えるサロンや、ロリータファッションのプロデュース。モデルとして表現するだけでなく、作り手側にも興味があります。家にある世界有数のロリータコレクションだって、なんらかのかたちで生かせたらうれしいし、ロリータの本当の姿を知ってもらうために、メディアにもどんどん出ていきたい。

もうひとつ、過酷な印象で避けられがちな看護師の、輝いていてやりがいのある面も知ってもらいたいと思っています。だから、ＰＲのお手伝いをするだけでなく、私自身が、体が動く限りは看護師を続けるつもり。実際、訪問看護の世界では60代・70代の方が現役で活躍されているし、私もそのひとりになりたいのです。ピンクの聴診器を携えて。

いろいろ語ってきたけれど、40代を迎えるって少し複雑な気分です、本音を言うとね。20歳のころ、40歳なんてとっくに結婚して子育てしているだろうと思っていたから。でも、実際は20歳のころと何も変わらず、ロリータモデルでナース。変わらなすぎます（笑）。でも、ということはやっぱり、そのふたつが私にぴったり合っている、ということなのでしょう。もう「40歳になったのにロリータでいいのかな」なんて思わないし、なんなら「何歳になってもロリータを着るけど何か？」という気分。だから明日も、私はパニエを重ねてリボンをつけて〝最強にかわいい私〟を生きます。ロリータという戦闘服をまとい、自由とともに。

この本を最後までお読みいただき、ありがとうございました。「世間の常識だから●●しなきゃいけない」なんてことはなく「好きだから●●しようかな」くらいに思ってくださる方がいらしたら、とてもうれしいです。

それではごきげんよう、またどこかで。

青木美沙子

GELATO PIQUE

IN

ふわふわ乾燥機
危険
警告
危険
発火の恐れ有
危険
油

B.LEAGUE
2022-23
やっぱりおいしい
やちまたの落花生
工会議所落花生部会
街頭防犯カメラ
設置区域
紅甘夏

GREEN HOUSE
ナカノ

B.LEAGUE
2022-23
おいさつは
地域の絆が
生まれます
広島はっさく
八街商工会議所落花生部

まっすぐロリータ道《どう》

2023年5月30日 初版第1刷発行

著者　青木美沙子《あおきみさこ》

発行者　三宅貴久
発行所　株式会社 光文社
〒112-8011 東京都文京区音羽1-16 -6
☎03-5395-8172（編集部）
☎03-5395-8116（書籍販売部）
☎03-5395-8125（業務部）
✉non@kobunsha.com
落丁本・乱丁本は業務部へご連絡くだされば、お取り替えいたします。

組版　堀内印刷
印刷所　堀内印刷
製本所　ナショナル製本

撮影　中林香
デザイン　宮島信太郎（SHIRT）　阿部若奈
構成　麻宮しま
協力　境伊央　武藤優利亜（TWIN PLANET）
編集　平井茜

衣装協力　Angelic Pretty
住商モンブラン株式会社
metamorphose temps de fille

ISBN978-4-334-95380-5